倉鼠的快樂飼養法

霍野晉吉◎監修
彭春美◎譯

坎培爾倉鼠　黃色

倉鼠有各種不同的種類。身體大小和性格也不一樣，所以要配合各別的個性進行不同的飼養方式喔！

小小的身體配上圓滾滾的眼睛。
開始和可愛的倉鼠一起生活後，
看著牠們的身影，就充滿快樂的發現！
讓我們更進一步地了解倉鼠，
成為更親密的好朋友吧！！

讓你知道和倉鼠成為好朋友的秘訣!!

羅伯羅夫斯基倉鼠　野生色

我們羅伯羅夫斯基倉鼠特別害羞，要慢慢花時間和我們成為好朋友哦！

加卡利亞倉鼠　雪白色

剛開始時，會靜靜地打量四周的情況，確認是不是安全的場所哦！

1 剛開始要慢慢地建立感情！

啊～
嚇死我了!!

黃金倉鼠　野生色

不要突然對牠伸出手，否則會讓牠嚇一跳喔！

和倉鼠建立感情時，絕對不能心急。
開始飼養後，先讓牠一點一點地習慣環境吧！

不太會叫，臉部也不太有表情的倉鼠。
其實，牠們還是會用行為來表現心情的。

2 要了解我們的心情哦！

黃金倉鼠 野生色

當有巨大聲響，或是警覺到有東西靠過來時，就會用兩腳站立起來，瞭望遠處。

黃金倉鼠 白子

視力雖然不太好，耳朵卻很靈敏。安靜地傾聽，就能察知周圍的動靜。

加卡利亞倉鼠 寶石藍色

我們很愛乾淨，會用自己的前腳洗臉，很靈活吧!?

黃金倉鼠 金熊

能夠藉由氣味來分辨通過近處的同伴。甚至可以知道對方是敵是友！

對於最喜歡自己的家的我們來說，若能為我們準備舒適的家，那就太好了！

鐵絲網籠通風佳又舒適。

水族箱型的籠子，安全性高。

陶器製的巢箱，不用擔心啃咬問題，讓人安心。

自然的木製巢箱。

食盆要選擇有穩定感的。

廁所也要設置倉鼠專用的。

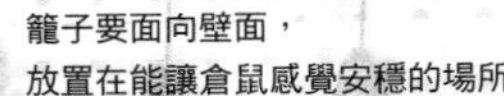
飲水瓶也是必備的品項。

3 好想住在這樣的屋子裡哦～

在野生下是挖掘巢穴生活的，所以倉鼠的家一定要放入巢箱，然後幫牠鋪上滿滿的地板材。

籠子要面向壁面，放置在能讓倉鼠感覺安穩的場所。

4 最喜歡安靜的場所了！

倉鼠喜歡安靜、感覺安穩的場所。請把籠子放置在晝夜溫差小、家人出入少、安靜的地方吧！

坎培爾倉鼠　黃色

不只是巢箱，就連紙盒之類也很舒服呢！空的面紙盒也不錯哦！

Zzz……

黃金倉鼠　金熊

在安靜的地方，才能舒舒服服地睡午覺。可不要說我每天只會睡覺哦！

黃金倉鼠　野生色

不喜歡電視和音響的聲音。籠子請不要放置在視聽器材附近。

這裡是我喜歡的地方哦！

加卡利亞倉鼠　雪白色

有洞就想鑽進去是我們的天性。越狹窄的地方就越安心。

黃金倉鼠　野生色

靠墊和沙發間的縫隙也是我們喜歡的地方。啊！不過要是被飼主發現，可能又要被罵了……

黃金倉鼠 金熊

倉鼠最喜歡攀爬了！不過掉下去可是會受傷的，所以要幫牠注意哦！

滾輪要選擇
適合倉鼠身體大小的尺寸哦！

加卡利亞倉鼠 雪白色

以隧道連接的籠子。
在籠子之間來來去去，也是在做運動。

5 最喜歡玩玩具!!

在籠子裡生活的倉鼠
很容易運動不足。
很多倉鼠都喜歡滾輪或是
隧道等玩具，非常推薦。

黃金倉鼠 野生色

最喜歡滾輪了。在野生下總是在沙漠裡來回奔走，可是相當具有運動員資質的。

挖洞，或是躲藏在狹窄處、啃咬東西等，
都是倉鼠的本能。而能夠讓牠們滿足
本能的遊戲，也是牠們最喜歡的。

用捉迷藏或挖洞來紓解壓力 6

黃金倉鼠 野生色

捉迷藏真好玩♪尤其是身體可以完全躲藏的地方，心情也會穩定下來呢！

推薦使用木製玩具，
可以放心地讓牠啃咬。

隧道可以自由連結，
調整長度。

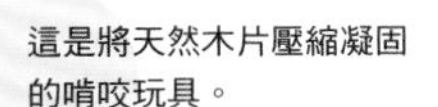

這是將天然木片壓縮凝固
的啃咬玩具。

加卡利亞倉鼠 寶石藍色

我們加卡利亞倉鼠也很喜歡同伴之間
互相鬧著玩。

加卡利亞倉鼠 野生色

稍微有點高度的玩具，
就以體育般的感覺來玩！
要選擇可以安全遊戲的玩具哦！

7 有好吃的東西，就是最大的快樂！

對於野生下屬於雜食性的倉鼠來說，
營養均衡的食物是不可欠缺的。
請以顆粒飼料為主，
給牠吃些對身體有益的東西吧！

有時也會想吃小番茄。不過以我們的
身體來說，一整顆可是太大了！

加卡利亞倉鼠 雪白色

從我們起床的傍晚到夜裡
是餵食的時段，每天要更
換一次喲！

草莓等水果也是倉鼠愛吃的東西，
但因為糖分多，所以要節制給予的量。

倉鼠的主食是顆粒
飼料。請看清楚成分
標示再做選擇吧！

以小米、稗子等雜穀類做成的小
鳥飼料也可以每天給予，用來補
充營養。

蔬菜建議給予青江菜等
黃綠色蔬菜。

黃金倉鼠 野生色

最喜歡新鮮
蔬菜了！

紅蘿蔔等黃綠色蔬菜在我們的
美容和健康上也是不可欠缺
的。啊～看起來真好吃!!

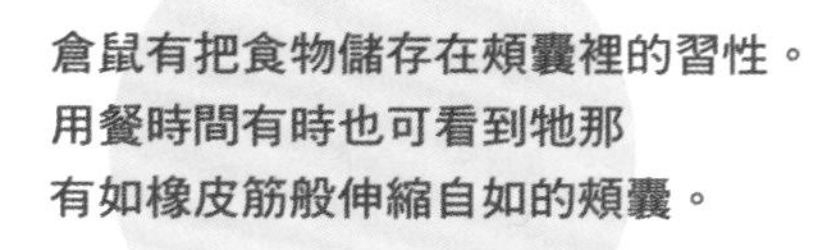

倉鼠有把食物儲存在頰囊裡的習性。
用餐時間有時也可看到牠那
有如橡皮筋般伸縮自如的頰囊。

8 任何東西都會儲存在魔法頰囊裡!!

我的頰囊很厲害吧!!

黃金倉鼠　金熊

好像塞太多了？兩邊的臉頰都快脹破了哩～可不要笑我這是搞怪的表情喲！

坎培爾倉鼠　黃色

野生倉鼠會把食物儲存在頰囊裡，搬運到巢穴。很厲害吧！

黃金倉鼠　金熊

還放得進去吧？
看我塞得滿滿地
運到巢箱去。
因為頰囊可是伸縮自如的！

黃金倉鼠　三色顯性斑點白帶

葵瓜子也是倉鼠喜歡的東西，所以要把它儲存在頰囊裡。據說有些倉鼠可以儲存超過80粒呢！

對好吃的東西毫無抵抗力哩！

9 熟悉後就可以一起玩哦！

雖然會依品種或個體而異，不過只要熟悉了，
就可以將倉鼠捧到手上。
來和可愛的倉鼠共享感情交流的樂趣吧！

加卡利亞倉鼠 寶石藍色

只要能溫柔地對待我，在飼主的手上也很舒服哩！不過，可不要突然動手哦！

加卡利亞倉鼠 野生色

給我最喜歡的草莓，這個人一定是個好人。雖然最近才漸漸發現……

因為很膽小，所以要溫柔地對待我們哦！

黃金倉鼠 大麥町

我們黃金倉鼠比較會願意坐在飼主手上喲！

黃金倉鼠 金熊

有時候也會想要獨處，這時請讓我獨自靜一靜吧！被過度逗弄，可是會有壓力的哦！

10 不喜歡酷熱的夏天和寒冷的冬天！

黃金倉鼠 金熊

冬天要放入足夠的巢材，
如果有暖烘烘的寵物保溫燈之類的，
那就太好了。

不耐氣溫變化的倉鼠，
對於夏天的酷熱和冬天的寒冷可是深有痛感的。
請善加利用各種禦寒防暑用品，
想辦法讓牠舒適地度過吧！

感覺冰涼的石板床，
是夏天推薦的品項。

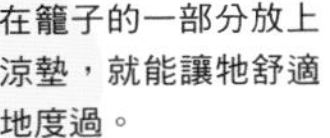

在籠子的一部分放上涼墊，就能讓牠舒適地度過。

黃金倉鼠 金熊

悶熱的夏天很容易讓倉鼠也熱翻。請把籠子放在涼爽的場所吧！

黃金倉鼠 全黑顯性斑點白帶

由於全身都長滿被毛，所以夏天比冬天更難受。春天和秋天也是，溫差一變大就很辛苦呢！

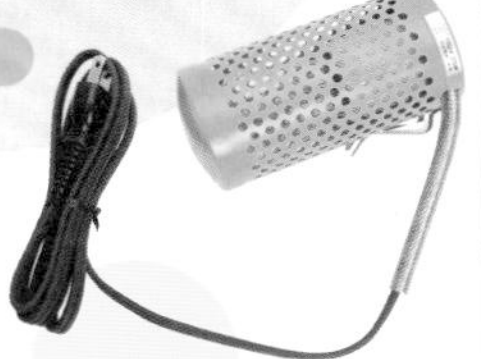

寵物保溫燈要設置在籠外喔！

寒冷的冬天，不妨用
保溫墊來為牠取暖吧！

和倉鼠
快樂地生活吧！

骨碌碌轉動的眼珠子加上圓滾滾的可愛身體。一下子拚命地踩動滾輪，一下子又靈活地用前腳吃著食物，倉鼠真是百看不厭、非常可愛的動物。

想要和牠們快樂地生活，首先要了解牠們的生態和習性。然後，為牠們整理出舒適的飼養環境，每天給予營養均衡的飲食，這些都是非常重要的。

更進一步的，將自己的心情轉變成倉鼠，去了解做什麼事會讓牠感到快樂或愉悅、被如何對待時又會感到討厭或害怕等，這樣應該會讓你們的感情更加融洽吧！

本書除了基本的飼養方法重點之外，當然也針對倉鼠飼主心中的疑慮和不安進行了解答，內容精采豐富。

不論是對於今後想要飼養倉鼠的人，或是已經在飼養的人來說，書中都滿載了有用的資訊。請詳閱本書，一定能對你和倉鼠的快樂生活有所幫助。

在身體小巧的侏儒倉鼠中，最受人喜愛的加卡利亞倉鼠。和人類也很親近。

在籠裡放進足夠的地板材，也要幫牠準備可以隱藏的巢箱。

被稱為金熊、有著金色被毛的黃金倉鼠，也是很受歡迎的種類。

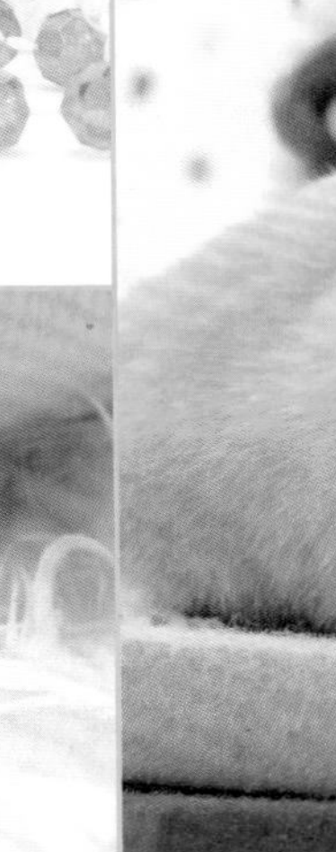

黃金倉鼠的毛色變化豐富，也有全白、紅眼的白子型。

喜歡進入狹窄處的倉鼠，也很喜歡待在木箱裡。

雜食性的倉鼠也很喜歡蔬菜。請給牠新鮮的蔬菜。

倉鼠的快樂飼養法

目次

讓你知道和倉鼠
成為好朋友的秘訣!!

PART 1

來好好認識倉鼠吧！

PART 2

迎接倉鼠的準備

PART 3 倉鼠的馴養法和基本照顧

PART 4 倉鼠的飲食菜單和給予方法

PART 5
倉鼠的疾病預防和長壽的秘訣

PART 6
如何繁殖倉鼠寶寶

PART 1

來好好認識倉鼠吧！

靈敏的動作和圓滾滾的眼睛非常可愛

加卡利亞倉鼠

Dzungarian Hamster

DATA		
原產國	●	哈薩克共和國、西伯利亞西南部
體　長	●	雄性…7 ～ 12 cm 雌性…6 ～ 11 cm
體　重	●	雄性…35 ～ 45g 雌性…30 ～ 40g

野生色

腹部是白色，背部到臉部是灰色和褐色。從背部到額頭有黑線貫通。

特徵

小小的身體和可愛的相貌，在侏儒倉鼠中是最受喜愛的

臉部稍微細長，圓滾滾的眼睛是其特徵。可愛的容貌，在寵物倉鼠中是人氣 NO.1。由於野生時是棲息在非常寒冷的地方，所以腳底也有長毛。毛色除了野生色外，還有寶石藍、布丁（黃色）、雪白、珍珠色、斑塊等。

性格

和人頗為親密，可以一起玩

性格溫和，在侏儒倉鼠中算是容易和人親近、容易讓人捧在手上的。雖然有個體差異，不過很少咬人，所以就算是初次飼養倉鼠的人或是小朋友也很容易飼養，可以和牠成為好朋友。有時也能多隻飼養，所以也推薦給一次想飼養多隻倉鼠的人。

3 品種！

倉鼠有各種不同的品種，做為寵物最受歡迎的有黃金倉鼠，以及被稱為「侏儒倉鼠」的小型種加卡利亞倉鼠、羅伯羅夫斯基倉鼠等共 3 種。其他各種倉鼠也有徹底的介紹！

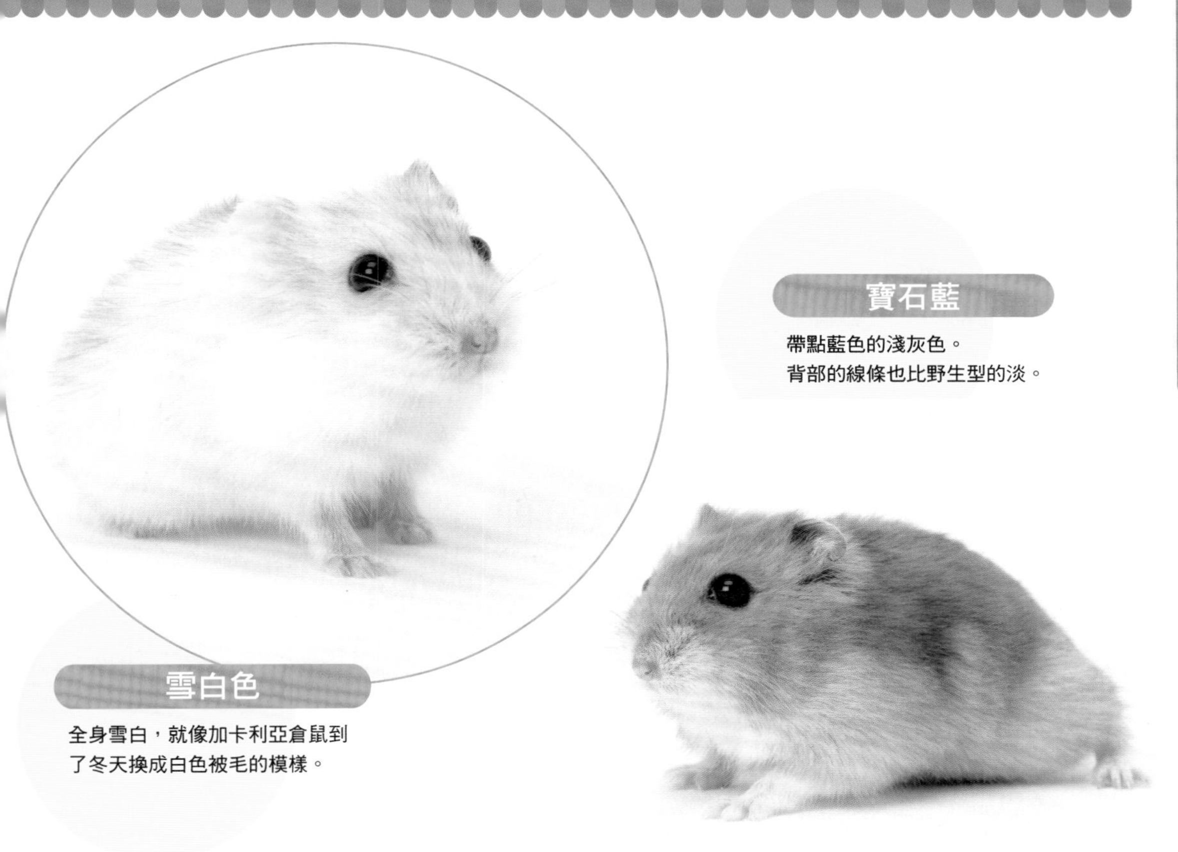

寶石藍

帶點藍色的淺灰色。
背部的線條也比野生型的淡。

雪白色

全身雪白，就像加卡利亞倉鼠到了冬天換成白色被毛的模樣。

其他的各種毛色變化

布丁色
讓人聯想到布丁的帶有黃色的茶褐色。也稱為黃色。

珍珠色
全體為純白色，不過混雜有淡淡的灰色。

斑塊
斑駁的花紋，混雜有褐色、黑色、灰色等。

超級可愛的療癒系角色充滿了魅力

黃金倉鼠

Golden Hamster

DATA

原產國 ● 敘利亞、黎巴嫩、以色列
體　長 ● 18～19cm
體　重 ● 85～150g

野生色（短毛、斑紋）

毛色為褐色和白色，眼睛為黑色的類型最普遍，稱為野生色。

特徵

體型較大所以容易照顧，初次飼養者也很容易飼養

黃金倉鼠的特徵是體型比加卡利亞倉鼠、坎培爾倉鼠等侏儒倉鼠大，比較容易照顧，表情也比較滑稽。做為寵物的歷史悠久，因此毛色的變化豐富，除了短毛種之外也有長毛種。不妨選擇自己喜歡的花色的倉鼠吧！

性格

溫和穩重，容易和人親近

大多是個性溫和的倉鼠，尤其是長毛種。容易和人親近，也很容易捧在手上，因此推薦給希望能和倉鼠互動、一起遊戲的飼主。不過由於地盤意識強烈，最好避免多隻飼養。此外，雌性大多個性剛強，尤其在繁殖時必須特別注意。

金熊

整體為泛金色的膚色，耳朵內側偏黑色。
也稱為杏色。

野生色（長毛）

毛色的基本色是褐色和白色。比起短毛種，
長毛種性格穩重的個體比較多。

白子

色素少的「白子」，特徵是整體毛色呈
白色，眼睛為紅色。

大麥町

和大麥町犬的花紋相似，
白底上有不規則的黑色花紋。

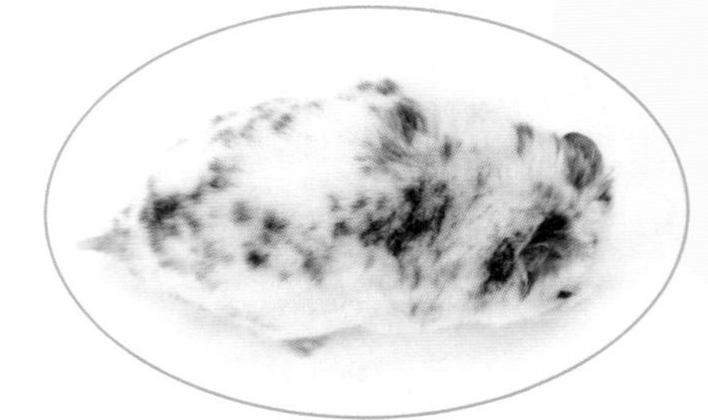

貓熊

讓人聯想到貓熊的黑白對比相當顯
眼。

全黑顯性斑點白帶

黑色臉部的正中間有一條白線。
整體毛色是黑色。

三色顯性斑點白帶（長毛）

臉部的正中間有白線，整體如花貓般
混雜著白、黑、褐色。

動來動去、迅速敏捷的頑皮鬼

羅伯羅夫斯基倉鼠

Roborovski Hamster

DATA

原產國 ● 俄羅斯圖瓦共和國、哈薩克共和國東部、蒙古西南部
體　長 ● 7～10cm
體　重 ● 15～30g

野生色

身體的上半部分是黃褐色，下半部分則為白色。眼睛上方有像眉毛一樣的白色花紋。

侏儒倉鼠中的最小種，敏捷的動作很可愛

比加卡利亞倉鼠和坎培爾倉鼠小一圈，是可以做為寵物飼養的倉鼠中體型最小的種類。靈活敏捷的動作是牠的特徵。毛色大多是野生色，偶爾可見臉部是白色、稱為白臉的毛色。身體整體顯得圓潤，尾巴非常短。

膽小敏感，不宜過度逗弄

個性膽小、警戒心強，不太和人親近。比起將牠捧在手上和牠一起玩，更屬於是以觀賞為樂的倉鼠。過度逗弄會成為壓力的來源，必須注意。飼養下的繁殖相當困難，不過多隻飼養如果能從小開始的話，就很容易順利進行。

仍保有野性魅力的活力倉鼠

坎培爾倉鼠

Champbell Hamster

DATA	
原產國	俄羅斯（貝加爾湖沿岸東側）、蒙古、中國北部
體　長	雄性…7～12cm 雌性…6～11cm
體　重	雄性…35～45g 雌性…30～40g

野生色

腹部是白色，臉部到背部偏褐色，背部有黑線。

黃色

好像亮褐色般的黃色。
眼睛呈紅色的個體也很常見。

在侏儒倉鼠中是毛色最容易產生變化的

和加卡利亞倉鼠非常相似，不過體型稍大一些。還有，臉部下方比較膨大，後腳被毛長，前腳、後腳的腳底都有長毛。背部的線條也比加卡利亞倉鼠細，不太明顯。毛色和花紋的變化非常豐富。

有些個體喜歡咬人，不要勉強逗弄玩耍

性格比加卡利亞倉鼠強悍，咬人的機率也比較高。不僅限於對牠做了討厭的事時，有時候也會主動過來咬人的手，所以要小心。一般認為這是因為牠想藉由啃咬來確定東西的性格所致。最好不要勉強將牠捧在手上。

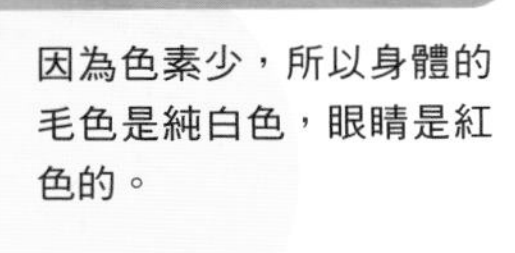

白子

因為色素少，所以身體的毛色是純白色，眼睛是紅色的。

黑色

腹部是白色的，不過除了腳尖和嘴巴之外，其他全是黑色的。眼睛也是黑色的。

倉鼠 小知識

加卡利亞倉鼠和坎培爾倉鼠有什麼地方不一樣？

加卡利亞倉鼠和坎培爾倉鼠同樣屬於侏儒倉鼠屬，身體的特徵也很相似，所以也有人提議應該把牠們視為同種或是亞種。

不過，坎培爾倉鼠中有加卡利亞倉鼠不會有的紅色眼睛個體，背部的線條也不像加卡利亞倉鼠那麼粗。此外在個性上，坎培爾倉鼠比較強悍、容易咬人等等，還是有各種差異存在。

其他的倉鼠

尾巴和小臉是其特徵

中國倉鼠

Chinese Hamster

DATA

原產國●	中國西北部·內蒙古自治區
體　長●	雄性…11～12cm 雌性…9～11cm
體　重●	雄性…35～40g 雌性…30～35g

做為寵物的歷史還很短，毛色的變化也不多。

身體比加卡利亞倉鼠和坎培爾倉鼠細長，尾巴也比較長，外觀近似一般老鼠。性格沉穩，和人很親近。

仍保有野性氣息的巨大倉鼠

黑腹倉鼠

Black-bekkied Hamster

DATA

原產國●	比利時、歐洲中部、 俄羅斯的西伯利亞地方
體　長●	20～34cm
體　重●	100～900g

正如其名，特徵是腹部的黑毛。短尾巴上沒有長毛。

在歐洲自古以來就廣為人知，是體長將近 30 cm的最大種倉鼠。外觀滑稽有趣，但其實脾氣不佳，野生下也是喜歡單獨生活。

倉鼠是什麼樣的動物？

想要和倉鼠好好地生活，了解牠們是擁有何種特徵的動物、在野生下過著什麼樣的生活是很重要的。

倉鼠是在70年前才來到日本的。

倉鼠的歷史

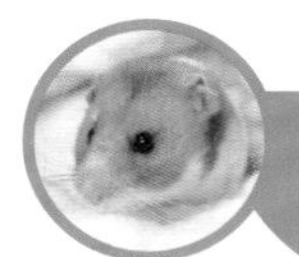

雖然從200年前就為人所知，但做為寵物的歷史尚淺

倉鼠被人飼養的時間其實並不長。倉鼠的紀錄首次出現在文獻上是在1797年；之後，製成讓人可以實際看到樣貌的標本出現則是在1839年，由倫敦的學者喬治．渥達豪斯在學會上提出。

●初次被捕獲是在1930年

巴勒斯坦的動物學者阿哈洛尼教授，在敘利亞捕獲帶著12隻幼鼠的母倉鼠，將牠們帶回。後來存活的只有其中的1隻雄倉鼠、2隻雌倉鼠，再讓這3隻反覆交配，1年增加到150隻。之後，子孫的一部分被帶進英國，在倫敦動物學協會（之後在動物園）進行繁殖，漸漸讓一般人也能開始飼養。後來又從英國渡海到美國，來到日本則是1939年的事。

倉鼠的習性

①由於是夜行性，因此會在夜間活動

野生下的天敵眾多，白天一下子就會被敵人發現，因此會在夜間活動，找尋食物。

②雜食性，什麼都吃

原本就居住在沙漠等嚴酷的環境中，所以野草或穀物、樹果、昆蟲等等，所有的食物都吃。

③在巢穴生活

會挖洞做巢穴，在裡面生活。所以即便是做為寵物的倉鼠，有個巢箱也會比較安心。

④食物會儲存在頰囊裡

倉鼠有伸縮自如的頰囊，具有將食物或巢材等塞進裡面，帶回巢穴的習性。

倉鼠的同類

倉鼠和松鼠、老鼠同屬齧齒目動物

倉鼠和松鼠、老鼠、天竺鼠等同樣是「齧齒目」的同類。齧齒目的同類約有1800種以上，約佔目前地球上哺乳類的1／3。

為什麼齧齒目同類的數目會如此快速增加呢？因為牠們適應環境的能力非常強，而且繁殖力也很旺盛。

在齧齒目中，倉鼠的生物特徵和老鼠最相近，屬於鼠形亞目的倉鼠亞科。

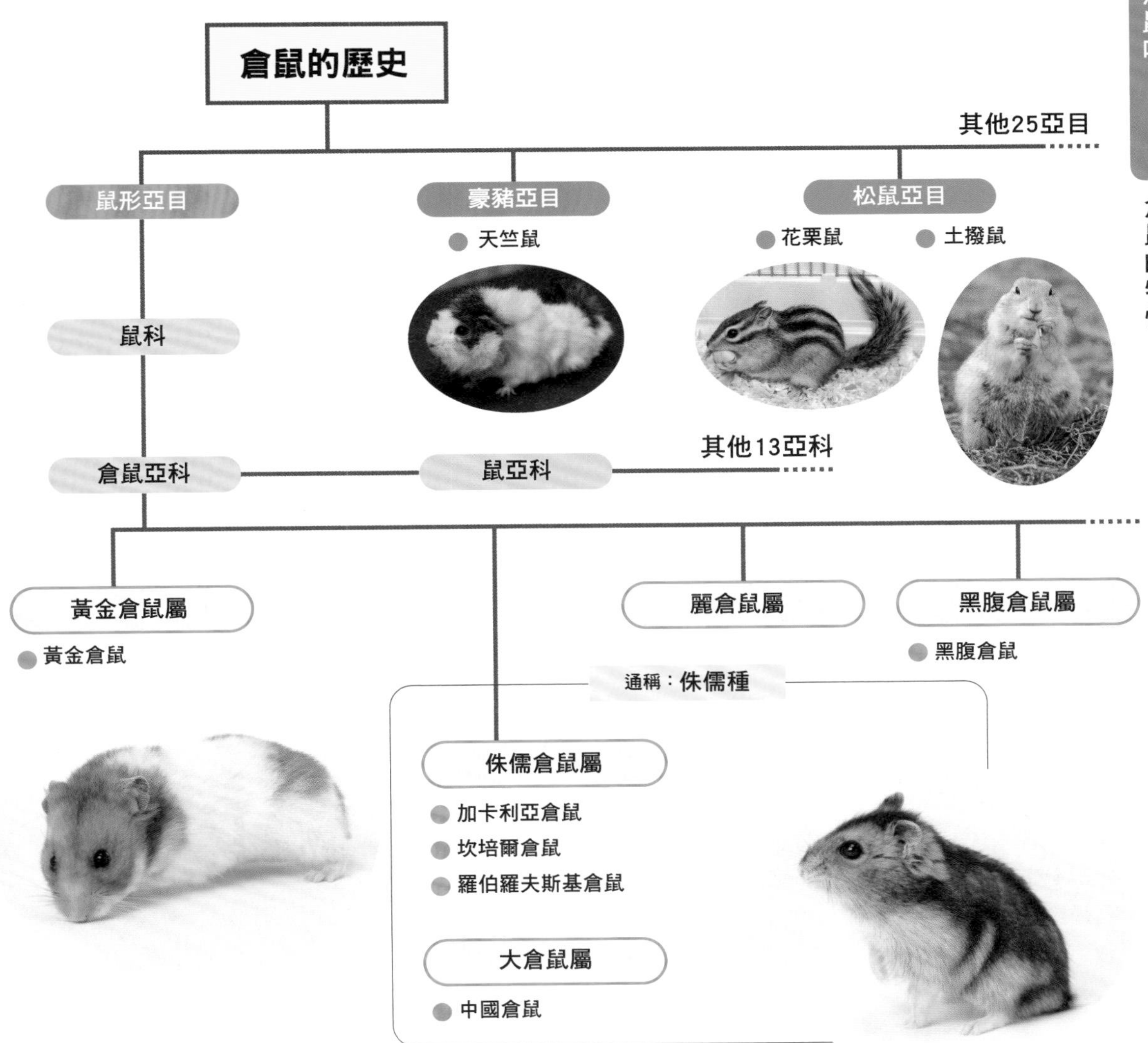

檢視 倉鼠的身體

為了在嚴酷的自然環境中生存，倉鼠的身體有各種發達的機能。
來揭開牠們的身體中隱藏的秘密吧！

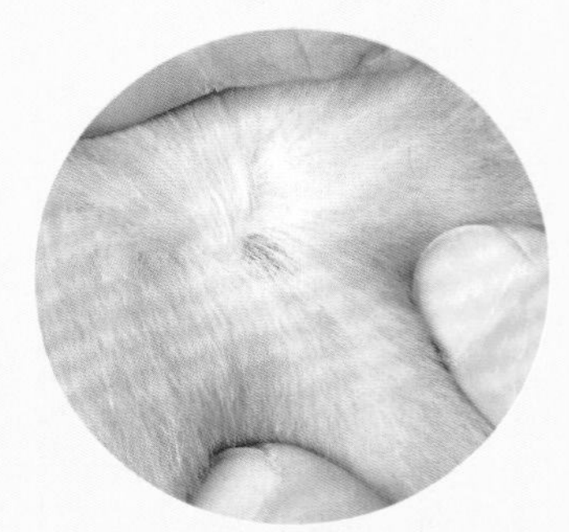

黃金倉鼠的香腺。

香腺

為了將自己的氣味塗抹在勢力範圍中，會由此處排出液體。黃金倉鼠的香腺在背部左右、靠近側腹附近有2處；加卡利亞倉鼠的則是在腹部和嘴巴的兩側。也可用來吸引異性。雌性也有，不過雄性的香腺比較發達。

尾巴

很短且不太明顯。一般認為是因為倉鼠不像松鼠一樣需要爬樹，不需要使用尾巴取得平衡，因此退化了。黃金倉鼠的尾巴內側沒有長毛，不過加卡利亞倉鼠、坎培爾倉鼠、羅伯羅夫斯基倉鼠的尾巴內側都有長毛。

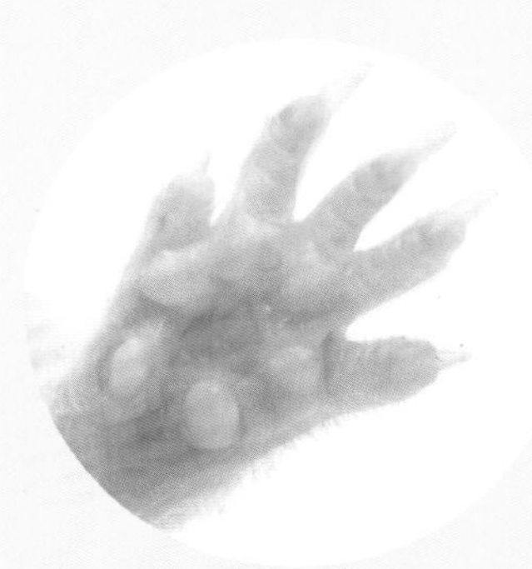

黃金倉鼠的後腳。

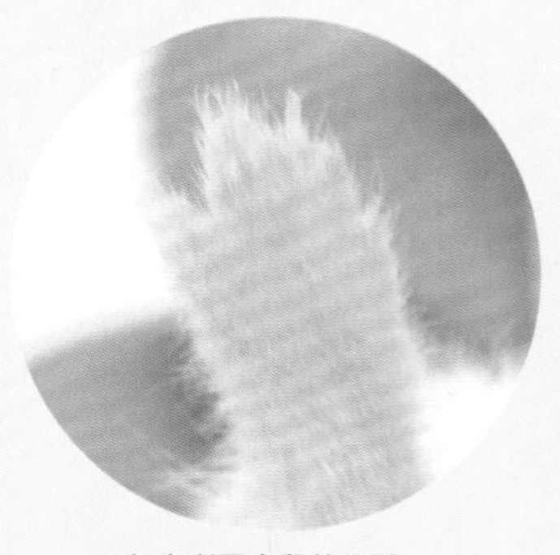

加卡利亞倉鼠的後腳。

後腳

有5根腳趾。比前腳大且健壯，甚至還可讓身體直立起來。加卡利亞倉鼠的特徵是腳底也有長毛。

耳朵

視力不佳，為了加以彌補，因此聽力特別發達。能夠聽辨出人類無法聽見的高周波和超音波。據說野生的倉鼠還會發出超音波和同伴交換信息。

眼睛

由於是夜行性又近視，所以看得不太清楚。顏色大多為黑色，偶爾可見葡萄色或是如照片般呈紅色的眼睛。其中也有兩隻眼睛顏色不同的倉鼠。

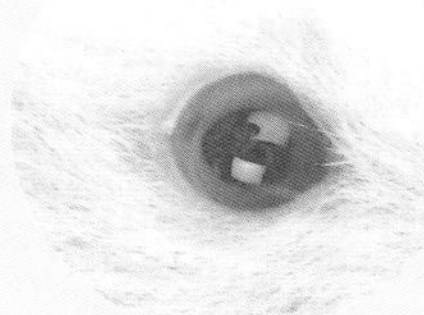

鬍鬚

用來判斷周圍的情況。和耳朵、鼻子一樣，可藉此彌補視力上的不足。

鼻子

嗅覺靈敏，在判斷對方是敵是友，或是尋找食物上都有幫助。

牙齒

牙齒有16顆，是人類的一半。上下門牙終生都會持續生長。因為有色素的關係，呈現黃色。

前腳

有4根腳趾。使用在進食、抓取東西，或是理毛的時候。

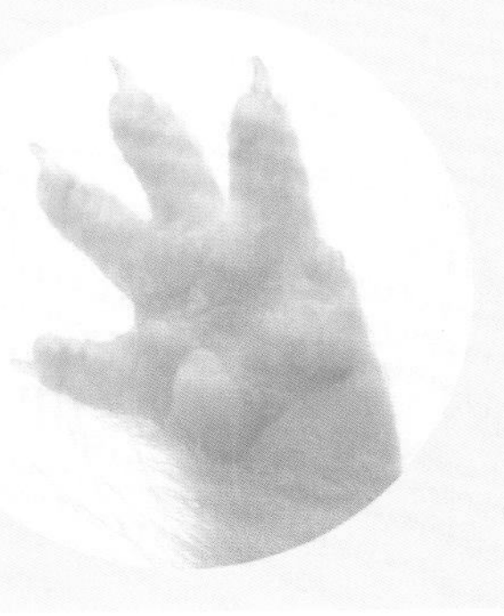

頰囊

位於耳朵後面的頰囊，是由可伸縮的細胞組成的，能夠用來儲存食物。可以充分伸展到臉型改變的程度。

※照片為黃金倉鼠。

倉鼠的感覺

倉鼠所感受到的世界

在看、聽、嗅聞等五感的能力上，人類和倉鼠有很大的差異。牠們是如何感受周圍世界的呢？

倉鼠經常會豎耳傾聽周遭的聲音。

視覺 雖然是近視眼，在黑暗場所卻能看得見

因為是夜行性，所以在夜晚也能看見東西。由於視網膜大部分的細胞都是由可以感覺明亮的細胞所組成的，所以在黑暗處也沒有問題。但因為是近視眼，所以無法看得很清楚，尤其是很難完整地辨識物體的立體性。

顏色方面，據說只能分辨白色和黑色這1～2色而已。在視覺上，倉鼠大概只能感覺到模模糊糊的黑白世界吧！

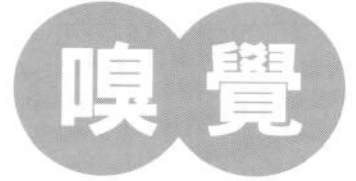

嗅覺 用敏銳的嗅覺來彌補微弱的視力

視力不佳的倉鼠，嗅覺非常敏銳。會經常抽動鼻子，嗅聞氣味，用嗅覺來確定是否安全，或是找尋食物、判斷是否有同伴等。還有，雌倉鼠也會嗅聞雄倉鼠的味道，來選擇結婚對象。

對自己的味道也很敏感，所以在清掃籠子的時候，如果將味道完全清除掉的話，可能會讓牠感到不安，無法穩定下來。

聽覺 聽力非常好，連超音波都能分辨

倉鼠的聽力非常優異，能清楚分辨超音波（聲波）和高周波（電磁波）的聲音。如果豎直耳朵，就能聽得更清楚。人類的耳朵可以聽到從20Hz到20kHz的聲音，而倉鼠甚至能夠聽到超過20kHz的超音波的聲音。

牠會以敏感的聽力來察知危險，或是確認同伴的存在。

味覺 喜歡甜味，會將苦的東西吐出來

不管是人類還是倉鼠，都是以舌頭上的「味蕾」這種器官來感覺味道的。倉鼠非常喜歡草莓或是香蕉等甜味水果，似乎很容易感覺甜味或酸味。動物醫院如果處方苦的藥物，倉鼠大多會吐出來；但如果是甜的藥物，就可能會高興地舔食。

此外，雖然是什麼都吃的雜食性，不過依個體而異，似乎有相當的味道喜惡。

皮膚感覺 對痛感遲鈍，看不出會痛的樣子

倉鼠對於觸覺的刺激是以整個身體表面來感覺的。就算是骨折或受傷了，通常還是會面不改色地到處活動。或許是因為不太感覺得到疼痛吧！

不過在內臟的疼痛上，雖然不如人類那麼明顯，卻似乎仍能感覺到。例如當肚子疼痛的時候，有時就會露出痛苦般的表情。

倉鼠小知識 倉鼠會使用超音波溝通嗎!?

可以聽到人類聽不到的超音波的倉鼠，同伴之間的溝通也是使用超音波。當倉鼠寶寶離開巢穴時，或是感覺寒冷或飢餓、觸覺受到刺激時、感覺到氣味出現變化時等等，就會發出叫聲，向同伴傳達情報。

依品種而異，叫聲多在 30 ～ 110kHz。當我們以為倉鼠怎麼都不叫時，牠可能正在發出叫聲呢！

即使成了寵物，仍然殘留著各種野生的習性。

倉鼠的野生生活

我們很少有機會看到野生倉鼠。不過，了解牠們的生活場所和習性，可以讓我們更加知道將牠們做為寵物飼養時的對待方法。

在挖掘的巢穴中生活，晚上出來覓食

野生的倉鼠會在沙漠等乾燥地帶的地面上挖掘巢穴來生活。很擅長挖洞，會建造寢室、糧食儲藏室和廁所等。如果是黃金倉鼠，甚至可能挖掘深達地下2～3m的巢穴。

●白天睡覺，夜晚活動

野生的倉鼠是角鴞或老鷹等鳥類，或是狐狸等各種動物們捕食的對象，很容易受到攻擊。因此白天會舒適地在安全的巢穴中度過，等到了能夠瞞過天敵們眼睛的夜晚才會離開巢穴，外出覓食。

●行動範圍非常大

到了夜晚，從巢穴中出來後，倉鼠會到相當遠的地方覓食。一個晚上甚至可能走動數十公里的距離。為了獲得更多的食物，會圈定相當大的範圍做為自己的地盤。

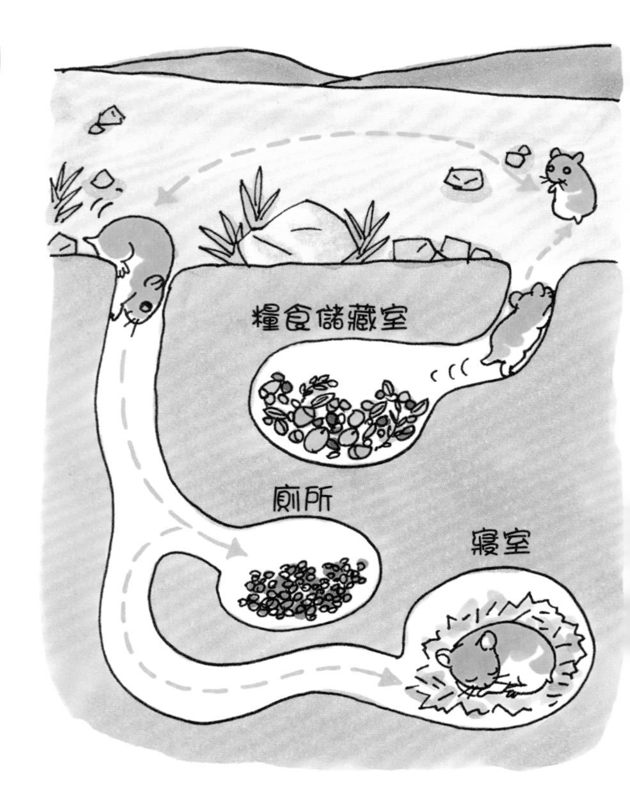

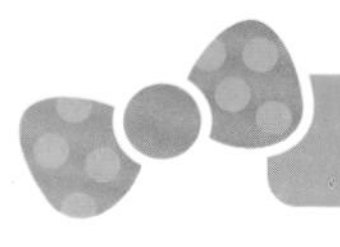

野生倉鼠的分布地

倉鼠的原產地是亞洲、歐洲等地區，牠們主要棲息在沙漠周邊或是草原等特別乾燥的地方。
遺憾的是日本並沒有原產的倉鼠。

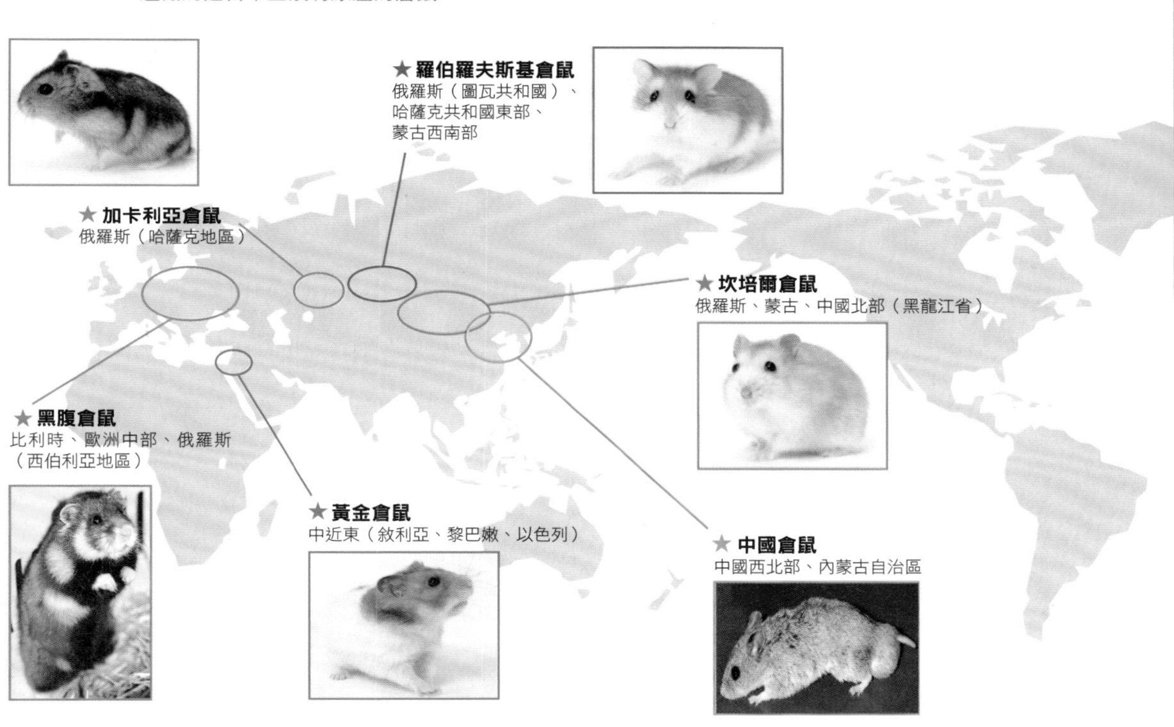

野生下的分類
棲息在從歐洲到亞洲的廣大範圍中

看上面的分布圖就可以發現，野生的倉鼠棲息在從歐洲到亞洲的廣大範圍中。

●也有來自於地名的別名

黃金倉鼠棲息在敘利亞、黎巴嫩、以色列等西亞～中近東一帶，所以別名也稱為「敘利亞倉鼠」。

還有，就像加卡利亞倉鼠也稱為「俄羅斯倉鼠」，坎培爾倉鼠也稱為「西伯利亞倉鼠」一樣，也有被冠上各自的出生故鄉的別名。

●日本的氣候對倉鼠來說過於嚴酷!?

野生的倉鼠都生活在氣候乾燥的沙漠或草原地帶。而在日本，尤其是梅雨季到夏天的這段期間，會持續高溫多濕的日子，這樣的天候是倉鼠非常難以忍受的。即便是繁殖來做為寵物的倉鼠，本能上還是喜歡濕氣較少的環境。

藉由動作來了解倉鼠的心情

倉鼠不會改變表情，也很少發出叫聲，所以很難讀取牠的心情。不過，有時牠還是會用行為或動作來表現心情。

仔細觀察牠小小的動作。

身體語言

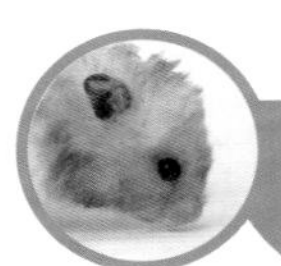

不會說話的倉鼠還是可以從行動來了解牠的心情

倉鼠被這麼多人喜愛的原因之一，就在於牠可愛的舉動。看到牠用兩手拿著食物進食，以及頰囊塞滿食物、拚命理毛的動作，就不由得讓人心裡感到溫暖。

●從動作可以知道牠心情的好壞

心情好的時候，就會出現毫無防備的仰躺，或是好像很舒服地理毛等放鬆的模樣。反之，如果感到害怕，或是心情不好的時候，就會一邊嘰嘰叫，一邊四腳朝天地亂抓胡鬧。

●本能行動很多

鑽進狹窄的地方、挖洞等行為都是來自於本能。即使是做為寵物飼養，天生就擁有的習性還是無法改掉。

倉鼠小知識

倉鼠會叫嗎？

雖然聲音不大，不過偶爾還是會叫。興奮時會發出「嘰－嘰－」的叫聲，在疼痛、害怕、受到驚嚇的時候都會嘰嘰叫。

還有，倉鼠打架的時候，有時也會發出「吱吱！」、「唧唧！」之類的聲音。有時是想要威嚇對方，反之也可能是害怕對方。

本能騷動的時候

倉鼠大部分的行動都是從本能而來的。
一股勁兒地轉動滾輪，或是專心一致地啃咬啃木，
或是鑽進狹窄的隧道中……仔細觀察，
就可以看到各種不同的行為，非常有趣喔！

鑽進狹窄的地方

看到狹窄的地方，就忍不住要鑽進去……這是因為倉鼠有在地下挖掘巢穴生活的習性，也是野生本能所造成的行為。可以給予隧道之類的玩具，以免讓牠累積壓力。

啃咬

倉鼠的上下門牙會終生不斷生長，因此必須啃咬物體來磨耗牙齒才行。啃咬鐵絲籠或塑膠玩具等會損傷牙齒，最好還是給予安全的啃木。

轉動

野生倉鼠每天都會長距離行走以覓食，可能是因為這個習性的關係，牠最喜歡的遊戲之一就是滾輪。在籠子中放進滾輪，有助於為牠消除壓力並解決運動不足的問題。

塗抹味道

有時倉鼠會用背部摩擦清掃過後的籠子地板或牆壁。這是在摩擦「香腺」以塗抹味道、宣示勢力範圍的做記號行動。尤其是發情期的雄倉鼠，為了吸引雌倉鼠的注意，會頻頻塗抹味道。

放鬆的時候

放鬆時，倉鼠就會開始理毛、蜷起來睡覺，
或是仰躺露出肚子睡覺。
看到倉鼠露出心情不錯的表情，
就連自己的心情彷彿也受到療癒了。

理毛

喜歡乾淨的倉鼠，會靈活地使用前腳來整理頭部或臉部的毛。通常會在進食後或是睡醒時進行。有時候也會用舌頭舔，或是用後腳來清潔耳朵。

仰躺睡覺

還沒有熟悉新環境時，會以坐著的狀態睡覺，不過習慣後，就會變成仰躺或是俯臥，以放鬆的姿勢睡覺。夏季天氣熱的時候，大多會露出肚子睡覺。

打呵欠

呼啊～

平常雖然看不到，不過有時可以在牠剛起床時看到。打完呵欠後，可能會把腳伸長，做個大大的伸展。

整理環境讓牠可以放鬆

剛開始飼養的倉鼠，因為對新家的環境還不熟悉，很難放輕鬆過日子。請將籠子放在安靜的場所，儘量避免給予刺激。如果倉鼠還是無法穩定下來，就用布等覆蓋在籠子上。

警戒的時候

膽小又警戒心強的倉鼠，會本能地想要察知是否有敵人接近。用後腳站立、東張西望地環視周圍，或是縮著脖子等等，都是這種行為的表現。

用後腳站立

只用後腳站立、耳朵豎直的時候，就是正在警戒周圍的證據。因為牠正環視遠方，想要確認是否有危險。另外，生氣的時候有時也會站立起來，好讓自己的體型顯得更為龐大。

縮著脖子

突然出現巨大聲響，或是突然有人想摸牠的時候，倉鼠可能會嚇一跳地擺出縮著脖子般的姿勢。這個時候，大多會提起一隻前腳，尋找逃走的機會。

不滿的時候

當倉鼠生氣或是感到恐懼時，就會露出腹部，發出嘰－嘰－的叫聲。當牠被碰觸到身體不想被碰觸的部分，或是想要安靜休息卻被過度逗弄的時候，也可能會出現這樣的姿勢。要注意。

露出腹部大吵大鬧

發生了可怕的事情，或是有討厭的事情時，倉鼠可能會一邊嘰－嘰－地叫，一邊露出肚子大吵大鬧。這個時候摸牠很有可能會被咬，就別管牠吧！

露出牙齒威嚇

一感覺到好像有敵人來襲，倉鼠就可能會露出牙齒，採取威嚇的姿勢。這種時候請避免刺激到牠。

Hamster Column 1

倉鼠來到日本的時期

剛開始是做為實驗動物而開始被飼養的倉鼠，
現在則是以小朋友或年輕女性為主，做為寵物而大受喜歡。
牠們到底是什麼時候來到日本的呢？

最初目的是為了牙齒的研究

倉鼠被人類發現的詳細經過已經在26頁介紹過了，之後在1938年於英國成功地將黃金倉鼠家畜化。其後代被帶進美國，做為實驗動物而備受矚目。

體型小且溫和、雜食性又耐粗食、性成熟快速、容易繁殖的牠們，漸漸成為非常重要的實驗動物。日本也在1939年從美國進口做為實驗動物。剛開始似乎是活用在牙齒的研究上。

倉鼠在醫學研究上有很大的貢獻。

在漫畫中有提到葵瓜子是牠喜歡的食物。

2000年左右開始出現在卡通上，引爆飼養風潮

做為實驗動物而進口的倉鼠，從1965年開始，在日本逐漸被人養來做為寵物。不僅如此，從1978年後，加卡利亞倉鼠在英國也變得受人喜愛。之後，日本的寵物進口業者到荷蘭視察時，注意到加卡利亞倉鼠而開始引進；1993年後，一般家庭也開始普遍飼養了。約從2000年開始，因為兒童漫畫而進一步引爆人氣。直到今日，倉鼠的超高人氣依然沒有衰退的跡象。

PART 2

迎接倉鼠的準備

選擇適合你的倉鼠的要領

倉鼠有各種不同的種類，性格和特徵等也有差異。來了解找到適合你的倉鼠的要領吧！

即使是相同的品種，也會依個體而有不同的個性。

選擇方法的要點

充分了解各品種的特徵和性格後再來選擇

在日本做為寵物飼養的倉鼠，主要有黃金倉鼠、加卡利亞倉鼠、羅伯羅夫斯基倉鼠、坎培爾倉鼠等4種。了解各個品種所造成的性格差異後，再來選擇最適合你的倉鼠吧！

●配合目的和生活型態來選擇

想要將倉鼠捧在手上、跟牠親密玩耍的人，建議選擇容易和人親近的品種。加卡利亞倉鼠、黃金倉鼠性格溫和，容易和人親近的個體似乎也比較多。

●個性差異也非常大

即使是相同的品種，也會因為性別而有個性上的不同。雄倉鼠的地盤意識強，所以複數飼養時容易打架，有不耐壓力的傾向。不過因為個體差異大，所以也未必就能說雌倉鼠比較容易飼養。

在飼養倉鼠前 請先確認這些項目

□ 家裡有足夠的飼養空間嗎？

越寬敞越好，至少需要寬35cm×深25cm，高約20cm的籠子。請確認是否有放置場所。

□ 在經濟上、物理上是否有照顧的能力？

除了食物費用之外，緊急時的醫療費用也是相當多的。還有每天是否有時間照顧也很重要。

□ 緊急時，是否有可以拜託照顧的人？

因為工作或生病而無法照顧時，如果沒有可以幫忙照顧的人就麻煩了。儘量在事前就要找好。

選擇倉鼠的重點

1 身體的大小

黃金倉鼠

體長…約18～19cm
體重…85～150g

羅伯羅夫斯基倉鼠

體長…約7～10cm
體重…15～30g

黃金倉鼠的體長，大約是侏儒倉鼠的2倍，體重也有3倍左右。配合身體的大小，飼養空間也不相同，所以若要飼養黃金倉鼠，需要稍微寬敞的籠子。不過，這並不表示身體的大小為其一半，所以籠子的大小也只需要一半就好。

2 性別

雄倉鼠的地盤意識強烈，彼此間會很快就打起架來；而且也比較不耐壓力，對環境的變化等比較敏感。雌倉鼠對環境改變的適應性高，對壓力似乎也比較能夠承受。不過懷孕中的雌倉鼠脾氣會變得暴躁。

3 毛的類型

黃金倉鼠的長毛種（右）和色素較少的白子（左）。

毛色會依品種而有各種種類，尤其是黃金倉鼠，除了短毛種之外，還有長毛種，變化很豐富。在侏儒倉鼠中，坎培爾倉鼠有比較多罕見的毛色。不過，毛色稀有的倉鼠有些在遺傳上可能具有不安的因素（參照118頁）。

4 品種的性格和特徵

因為黃金倉鼠和加卡利亞倉鼠容易和人親近，所以推薦給初次飼養倉鼠的人。另外，加卡利亞倉鼠和坎培爾倉鼠的外觀雖然非常相似，不過坎培爾倉鼠不容易親近人，而且大多有咬人的習慣。羅伯羅夫斯基倉鼠膽子小，不容易與人親近的個體似乎比較多。

黃金倉鼠的特徵

- 體型比較大，容易親近人，所以初入門者也很容易飼養。
- 地盤意識強，最好避免複數飼養。
- 毛色變化豐富，可以從各種不同的顏色中選擇。

加卡利亞倉鼠的特徵

- 在侏儒倉鼠中，比較容易和人親近，可以一起遊戲。
- 毛色主要有4種，可以選擇喜歡的顏色。
- 如果是合得來的倉鼠，可以複數飼養。

坎培爾倉鼠的特徵

- 警戒心稍強，有時不容易和人親近。
- 在侏儒倉鼠中，毛色的變化最豐富。

羅伯羅夫斯基倉鼠的特徵

- 動作敏捷，個性敏感，所以不適合一起玩。
- 複數飼養會比較容易，推薦給一次想要飼養好幾隻的人。

雖然有點敏感，但卻可以群體生活喲！

5 個體的性格

例如，即使同樣是加卡利亞倉鼠，有容易與人親近的，也有我行我素的。在寵物店購買倉鼠時，很難連倉鼠的性格都看得一清二楚。通常都是在每天的相處中，才能漸漸了解牠們各自的個性，所以要採用適合該倉鼠的相處方式哦！

倉鼠小知識

長毛種大多是性格溫和的倉鼠!?

黃金倉鼠有長毛種和短毛種 2 種，不過以大多數的情況而言，長毛種性格溫和的個體似乎比較多。

此外，長毛種的倉鼠在幼年時容易下痢，也很容易發生腸炎，所以在健康管理上必須多加注意。

個體差異……

單隻飼養是基本

基本上建議單隻飼養

視種類而異，有些倉鼠是可以在一個籠子做複數飼養的。不過考慮到照顧的工夫等等，剛開始還是建議單隻飼養。

對倉鼠來說，可以獨自放鬆的空間是很重要的。

倉鼠的地盤意識

照顧上也很費工夫，所以剛開始最好只養一隻

因為倉鼠的體型小，可能有很多人認為能夠輕易地做複數飼養吧！不過，若考慮到牠們的習性，比起複數飼養，單隻飼養是比較沒有壓力的。或許你會認為「沒有同伴，不是很寂寞嗎？」其實完全沒有這回事。

●沒有足夠的空間，就會成為壓力

倉鼠是運動量很多的動物。如果好幾隻擠在狹窄的場所裡生活，將會累積壓力。必須能夠確保有充分的運動空間。

●複數飼養必須注意健康管理

複數飼養時，只要任何一隻生病了，就要立刻將牠移到別的籠子裡。如果將生病的倉鼠放在一起，疾病可能會不斷地傳染下去。

複數飼養時

侏儒倉鼠如果從小就一起飼養，複數飼養也OK

加卡利亞倉鼠或是坎培爾倉鼠、羅伯羅夫斯基倉鼠等侏儒倉鼠，可以好幾隻一起飼養。

不過，重要的是必須從幼鼠時期就開始一起飼養。成年後才一起飼養的話，似乎大多會不太順利。

從小時就在一起的話，複數飼養也能順利。

單隻飼養比較好的情況

好幾隻倉鼠成群在一起的模樣雖然很可愛，不過大多數的情況還是單獨飼養比較好。
請為倉鼠整理出不會對牠造成負擔的環境吧！

黃金倉鼠

野生的黃金倉鼠地盤意識強烈，習慣單獨生活。因此，做為寵物飼養時，單獨飼養是基本。雌雄配對時，除了繁殖的時候之外，請在各別的籠子裡飼養。

雄性和雌性的倉鼠

即便是可以複數飼養的加卡利亞倉鼠等，還是要避免將雄倉鼠和雌倉鼠放在同一個籠子裡飼養。因為倉鼠的繁殖力很強，日後會不斷增加小倉鼠。

即使是相同的種類，也有合不來的倉鼠

侏儒倉鼠可以做複數飼養，不過，即使同為雄倉鼠或同為雌倉鼠，當合不來的時候，最好立刻分開籠子飼養。加卡利亞倉鼠和坎培爾倉鼠的雄倉鼠，彼此可能會為了爭奪地盤而打架。

如果想增加倉鼠寶寶，要讓牠們相親後再同居

想要繁殖時，不要突然就將雄倉鼠和雌倉鼠放進同一個籠子裡，先讓牠們相親，確定是否合得來後再進行吧！如果合不來，就不要勉強。

如何獲得倉鼠？

除了在寵物店購買倉鼠之外，也可以從已經飼養的朋友處分得倉鼠寶寶，或是活用寵物領養的訊息等。

要從可以信賴的人或店家取得倉鼠。

在寵物店購買

如果是具備專門知識的店家，飼養後也可以安心

倉鼠是熱門寵物，有買賣的寵物店非常多。如果想要購買倉鼠，不妨試著實際去店裡看看。然後確認倉鼠是否健康後，選擇有自己喜歡的毛色或花紋的倉鼠。

●多走幾趟後再決定

可以的話，不妨多走幾趟寵物店。不僅可以充分了解倉鼠的狀態，和店員的交流也會變得順利，比較容易開口諮詢。

●有不安或疑問就加以詢問

關於飼養上的不安和疑問、不清楚的事項等，都可以詢問寵物店的店員。如果是有販賣飼養用品或飼料等各種商品的店家，也可以直接購買必需物品，非常方便。

這樣的店家就可安心！

有詳細了解倉鼠的店員

從大型店到小型專門店，有各式各樣的寵物店。最重要的是，店內是否有了解倉鼠的店員。

地板和籠子等都很乾淨

也要檢查店員是否有好好地照顧倉鼠，地板或籠子等是否保持乾淨等。

販賣的食物和商品很豐富

如果有販賣各種食物和飼養用品，想要購買必需物品時就會很方便。

請朋友分送

如果是有飼養經驗的人，也可以向對方諮詢

如果周圍有正在飼養倉鼠的人，請他分送倉鼠寶寶給你也是個方法。如果對方有預定繁殖的話，不妨事前就詢問看看出生後是否可以送給你。網路上等也經常有「徵求領養」的訊息。

不瞭解的事情就要詢問

如果是有飼養經驗的人，請他分送給你後，也可以向他詢問飼養上遇到的問題，讓人安心不少。另外像是最好備齊的飼養用品或是建議的食物等等，不瞭解的事情也可向對方討教。

在網路上認養時，要親眼確認

利用網路或是寵物情報雜誌等進行認養時，儘量要在事前親眼看過，確認是什麼樣的倉鼠後，再請對方讓渡。還有交付的方法最好也充分確認。

事前就要確認這些部分

倉鼠的種類和性別

請朋友分送倉鼠時，要先問清楚種類、性別、毛色等。

出生後多久了？

出生後經過多久了？有多少兄弟姊妹？健康狀態如何？等等，這些都要在領養前就先確認。

倉鼠父母親的性格和特徵

詢問預定領養的小倉鼠的父母的性格與特徵，以做為參考。

開始飼養的時期是？

建議在氣候溫和的早春或早秋

倉鼠不耐酷熱和寒冷。出生不久的小倉鼠在夏天或冬天時，身體狀況可能會崩壞。

在冷熱溫差小、氣候穩定的春天或秋天，溫度管理也比較容易，所以如果要取得倉鼠開始飼養的話，建議在這個時期。

適合飼養的月齡是？

出生約1個半月後就能安心

倉鼠寶寶出生約經過3個星期後，除了媽媽的母奶之外，也開始慢慢地能夠吃普通食物了。

大約經過1個半月後，體格也會漸漸結實起來。想要從朋友或飼養同伴處領養繁殖的倉鼠寶寶時，選擇1個半月～2個月左右的小倉鼠會比較安心。

健康倉鼠的挑選方法

分辨健康倉鼠的要領

取得倉鼠時，要詳細地檢查健康狀態。可以的話，不妨多去店家幾次，觀察倉鼠在不同日子的狀況後再做挑選。

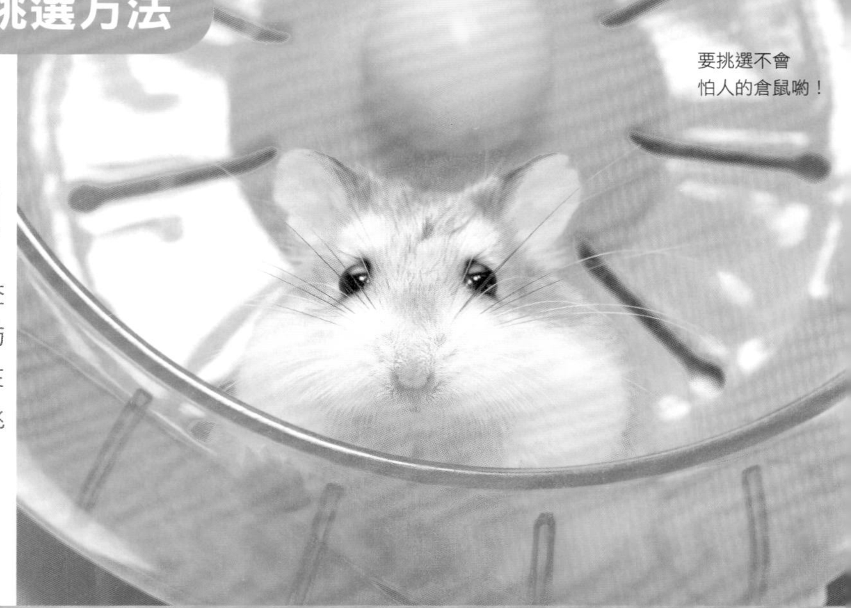

要挑選不會怕人的倉鼠喲！

檢查的時段

因為是夜行性的，所以要在傍晚時前往店家觀察

購買倉鼠時，要儘量在傍晚到夜間的時段前往寵物店。因為倉鼠是夜行性的，白天大多都在睡覺，比較難以確認健康狀態等。

●單獨飼養的較為理想

每家店展示倉鼠的方法都不一樣，建議你儘量選擇單隻在籠子裡的。好幾隻在一起生活的倉鼠可能會有打架受傷，或是感染傳染病的情況。

●仔細觀察動作和表情

首先要從籠子外面觀察倉鼠的動作和表情。不同的品種，性格和習性也不一樣，先了解其中的差異後再來做選擇吧！

倉鼠的檢查方法

從外側檢查動作和毛色光澤等

有食慾、不削瘦、毛色光澤佳的倉鼠最為理想。如果有好幾隻可以選擇的倉鼠，不妨選擇體型大一圈的倉鼠。

如果可以碰觸的話，就試著把手靠近看看

詢問店員，如果可以的話，就試著把手靠近看看。不過，若是倉鼠過度和善到輕易就坐到手掌上來的話，也有可能是生病了。

選擇健康倉鼠的檢查重點

初次挑選倉鼠時，要從一整群中自行挑選並不容易。
不了解的事情請向店內人員詢問，挑選健康狀態良好的倉鼠吧！

毛流

有沒有光澤、毛流是否整齊漂亮？是否有掉毛或髒污？有沒有皮屑？

耳朵

耳朵是否有髒污或受傷？是否有豎立？（睡眠中、剛睡醒時除外）

臀部

尾巴周圍是否髒污？（如果髒污的話，就有下痢的可能）

眼睛

眼睛是否靈活？
有沒有眼屎或流眼淚等？

鼻子

有沒有流鼻水？打噴嚏？

爪子

爪子長度是否過長？腳趾數是前腳4根、後腳5根，是否齊全？

牙齒

牙齒是否過長或是有缺損？嘴巴周圍是否有髒污或是流口水？

其他要注意的重點

在多產的倉鼠寶寶中，也不乏有天生體質衰弱的倉鼠。

出生後約經過4～5個星期，身體的狀態就會逐漸穩定，因此最好購買出生超過1個半月的小倉鼠。

來準備生活上必需的用品

迎接倉鼠回家前，要先備齊必需的飼養用品。先將基本用品準備齊全，再視情況慢慢增加玩具等。

為倉鼠準備舒適、輕鬆的家。

飼養上必需的用品有？

考慮過優缺點後，再選擇適合該隻倉鼠的用品

倉鼠基本上是要養在籠子裡。請在籠子裡鋪上地板材後，再放進巢箱、食盆、飲水瓶等用品。

●選擇配合本能和習性的用品

野生的倉鼠是在土中挖掘巢穴生活的。寵物倉鼠也需要飼主為牠整頓出適合本能和習性的環境，才能長久健康地生活。雖然我們很容易被外觀的可愛度等吸引，不過最重要的還是要理解各種商品的優缺點，為家裡的倉鼠選擇最適合的用品。

●選擇適合身體大小的用品

在巢箱或食盆、滾輪等飼養用品中，有些用品針對黃金倉鼠用和加卡利亞倉鼠等侏儒倉鼠用的尺寸可能會有所不同。請為倉鼠選擇適合身體大小的用品吧！

✓ 必須先準備好的基本用品

- ☐ 籠子（鐵絲網、塑膠箱、水族箱）
- ☐ 地板材
- ☐ 巢箱
- ☐ 便盆
- ☐ 便砂
- ☐ 食盆
- ☐ 飲水瓶

✓ 視需要最好也備齊的用品

- ☐ 玩具（滾輪、隧道等）
- ☐ 啃木
- ☐ 外出提籃
- ☐ 圍欄
- ☐ 溫度計．濕度計
- ☐ 禦寒．防暑用品
- ☐ 體重計
- ☐ 清掃用具

必須先準備好的基本用品

籠子

從鐵絲網、塑膠箱、水族箱等類型中選擇最適合的

做為倉鼠住家的籠子，大致可分為鐵絲網型、塑膠箱型、水族箱型這3種。各有各的優點和缺點，請充分理解它們的不同後再做選擇。還有，如果沒有充分的空間，就會造成運動不足，不妨參考59頁，選擇適合身體大小的籠子。

也可以依季節來分別使用，例如在氣溫高、濕度高的梅雨時期到夏天使用鐵絲網籠，擔心寒冷的冬天則使用水族箱型或塑膠箱型的籠子等。

鐵絲網型

像鳥籠一樣，網孔型的鐵絲網籠透氣性佳，在酷熱的夏天也能舒適度過。

優點

●透氣性佳，不易累積濕氣
●重量輕，容易清掃
●開口在側面，容易進行照顧

缺點

◆可能會攀爬而摔落
◆可能會啃咬，造成牙齒受傷
◆地板材等會灑落到籠子外面
◆冬天比較寒冷

塑膠箱型

重量輕、容易使用的塑膠箱型，不僅方便清掃，安全性也高，特別推薦。

優點

●不易逃出，可減少受傷的危險
●不易受到溫度的急遽變化影響
●外面的噪音不太會進入
●不用擔心啃咬而造成牙齒受傷

缺點

◆透氣性差，容易累積濕氣
◆開口在上面，照顧上比較困難

水族箱型

由玻璃製成的水族箱，具穩定感，不太需要擔心逃出的問題，倉鼠可以安全地生活。

優點

●不易逃出，可減少受傷的危險
●外觀美麗，可做為室內擺設的一環
●外面的噪音不太會進入
●不用擔心啃咬而造成牙齒受傷

缺點

◆透氣性差，容易累積濕氣
◆重量重，不容易清掃
◆開口在上面，照顧上比較困難

地板材

使用木屑或柔軟的牧草等

倉鼠有挖土和隱藏身體的習性，所以要為牠鋪上足夠的地板材。地板材有木屑、玉米屑、紙屑、乾草、土等各式各樣的種類。請了解它們各自的特性後，選擇最適合的吧！毛巾之類的布或棉製品等，可能有鉤到腳而導致受傷，或是吃下肚而引起腸阻塞的危險，請不要使用。

● 乾草
就算吃進去也很安全，不過吸水性差，很容易被排泄物弄髒。

● 木屑
有杉木、松木等種類。有時會引起過敏，必須注意。

● 紙屑
不用擔心過敏的問題，吸水性也佳。

● 玉米屑
以玉蜀黍的芯做為原料，不容易引起過敏。

巢箱

木製品即使啃咬也很安全，比較安心

野生的倉鼠為了防禦外敵，會隱藏在巢穴中。在家飼養時，如果有可以做為隱藏場所的巢箱，就能讓牠安心地生活。特別推薦啃咬也能安心的木製巢箱。

● 侏儒倉鼠用的木製型
身體小的侏儒倉鼠剛剛好可以隱藏的尺寸。

● 也可以做為便盆的陶製型
也可以做為便盆或砂浴場使用。

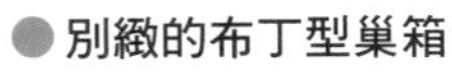

● 別緻的布丁型巢箱
陶製，裝飾度高的類型。

● 附有樓梯的木製型
也可以攀爬遊戲。
就算啃咬也能放心。

便盆・便砂

配合倉鼠選擇容易使用的用品

便盆有塑膠製、陶製的。請選擇高度方便倉鼠出入的便盆。在裡面放入寵物用的便砂，就不用擔心氣味問題。不過倉鼠有時候會吃進砂子，所以要避免使用一濕就會凝固的類型。此外，有些倉鼠即使放置便盆牠也不會去用，如果牠不想用，就不要勉強牠使用。

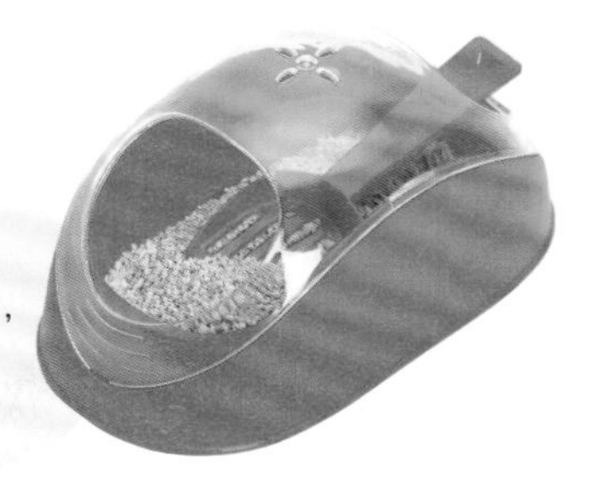

●**寬敞的橢圓型**
附用來清掃的鏟子，很方便。

●**可簡潔收納的角落型**
放在籠子的角落，可以節省空間。

●**入口狹窄型**
便砂等不容易飛散，比較衛生。

挑選具有穩定感，可以乾淨使用的用品

食盆

倉鼠有時候會把食盆翻過來玩，所以建議選擇沉重、具有穩定感、廣口的容器。

建議選擇無法啃咬、堅固耐用的陶製品。

●**侏儒倉鼠用的稍小型**
食盆也要選擇適合身體大小的製品。

●**節省空間的角落型**
可簡潔放置在籠子的角落裡。

●**有穩定感的陶製品**
不容易被啃咬或翻倒，使用方便。

飲水瓶

想喝多少就出多少的水瓶型為佳

放置在地板上的碗狀類型，可能會發生倉鼠跑進去，或是翻倒而浸溼地板的情況。如果是想喝多少就出多少的水瓶型，比較可以放心。

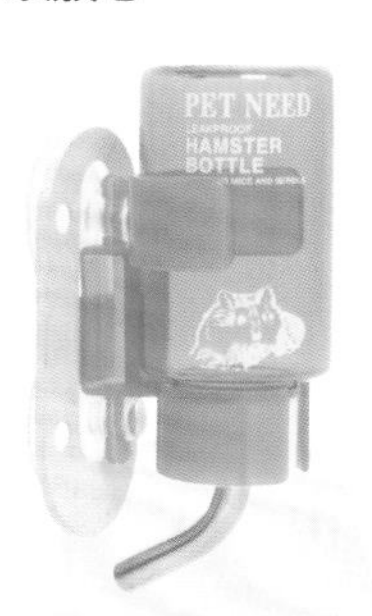

●**附吸盤型**
可以安裝在壁面，不佔空間。

●**具有穩定感的放置型**
可以放置在地板上使用。因為是透明的，減少的量也可一目了然。

視需要進行選購的自由選擇用品

玩具

配合倉鼠的喜好放入隧道或滾輪

倉鼠非常喜歡進入狹窄的地方，或是轉動滾輪的遊戲。不妨為倉鼠放入玩具，以為牠消除運動不足的問題並紓解壓力。另外，有些倉鼠對玩具不太感興趣，如果牠不使用，就不用勉強放入玩具。

● 滾輪
有侏儒倉鼠用、黃金倉鼠用等，要選擇適合身體大小的製品。

● 隧道
可以連接加長。由於裡面容易髒污，所以清掃必須確實。

啃木

放入啃木
以防止牙齒生長過長

倉鼠有啃咬東西的本能，所以啃咬玩具最適合用來紓解壓力。另外，倉鼠的上下門牙一生會不斷生長，因此也有助於防止生長過度。

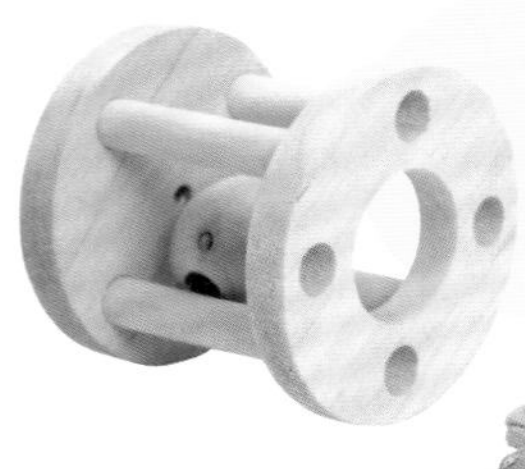

● 滾輪型
不只啃咬，也可以爬上去或是滾動，有各種不同的玩法。

● 球型
食用也安全的藺草製類型。

提籃

外出或是清掃時，
有的話總是比較方便

要帶往醫院時，或是要清掃籠子而需要移動倉鼠時，有的話會比較方便。建議選擇安全性高、塑膠箱型的提籃。

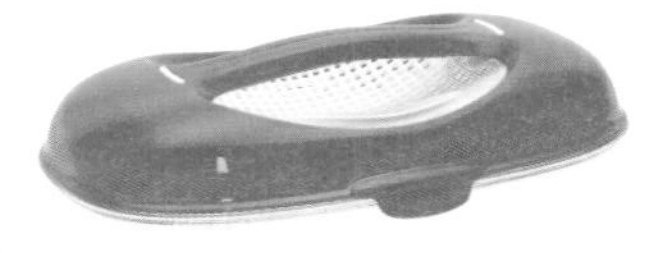

● 塑膠箱
因為是透明的，也可以活用在每天的健康檢查上。

● 附飼料盒＆飲水瓶的類型
只要鋪上地板材，放入水和食物，外出時也可使用。

圍欄

要放牠出來玩時，有的話會比較安全

雖然放倉鼠到籠外玩耍的必要性並不大，不過在清掃籠子等想讓牠暫時出來玩時，有的話會比較方便。

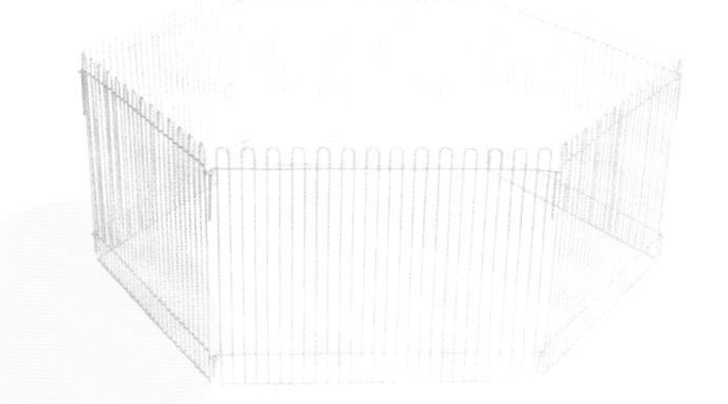

● 倉鼠圍欄
網目較細，不用擔心逃走的問題。

溫度計・濕度計

對於身體小的倉鼠來說，濕度・溫度的管理是很重要的

要進行夏天和冬天的溫度管理、梅雨時期的溼度管理時，備有溫濕度計會比較方便。請設置在籠子附近，以便正確測量。

● 電子式溫溼度計
會紀錄最高溫濕度及最低溫濕度，很方便。

● 電子式內外溫度計
附感應器，一台就可測量2處溫度的類型。

禦寒・防暑用品

選擇保溫燈或保冷墊等寵物專用的商品

倉鼠對於寒冷的冬天和酷熱的夏天是非常難耐的。不只是使用空調等來調整溫度，善用禦寒・防暑用品可以讓牠更舒適地度過。要注意避免讓倉鼠啃咬保溫燈的電線等。

● 多面板電熱器
電子控制式，不會過度加熱。

● 石板床
在床鋪下面放入保冷材料。暑熱的夏天也舒適。

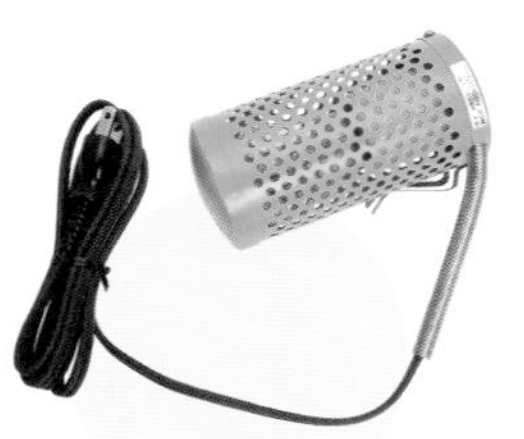

● 寵物保溫燈
從籠子外面照射，加以溫暖的類型。

健康檢查時，有的話比較方便

體重計

對於預防肥胖、檢查是否有因為生病而減輕體重時，可以派上用場。也可拿家庭用的調理秤來代替使用。

● 電子秤
除了測量體重，也可以活用在測量食餌的重量上。

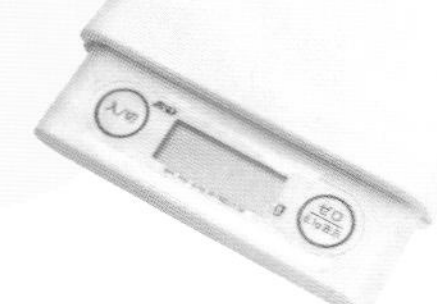

籠子設置範例❶

夏天涼快、通風良好又舒適 鐵絲網型

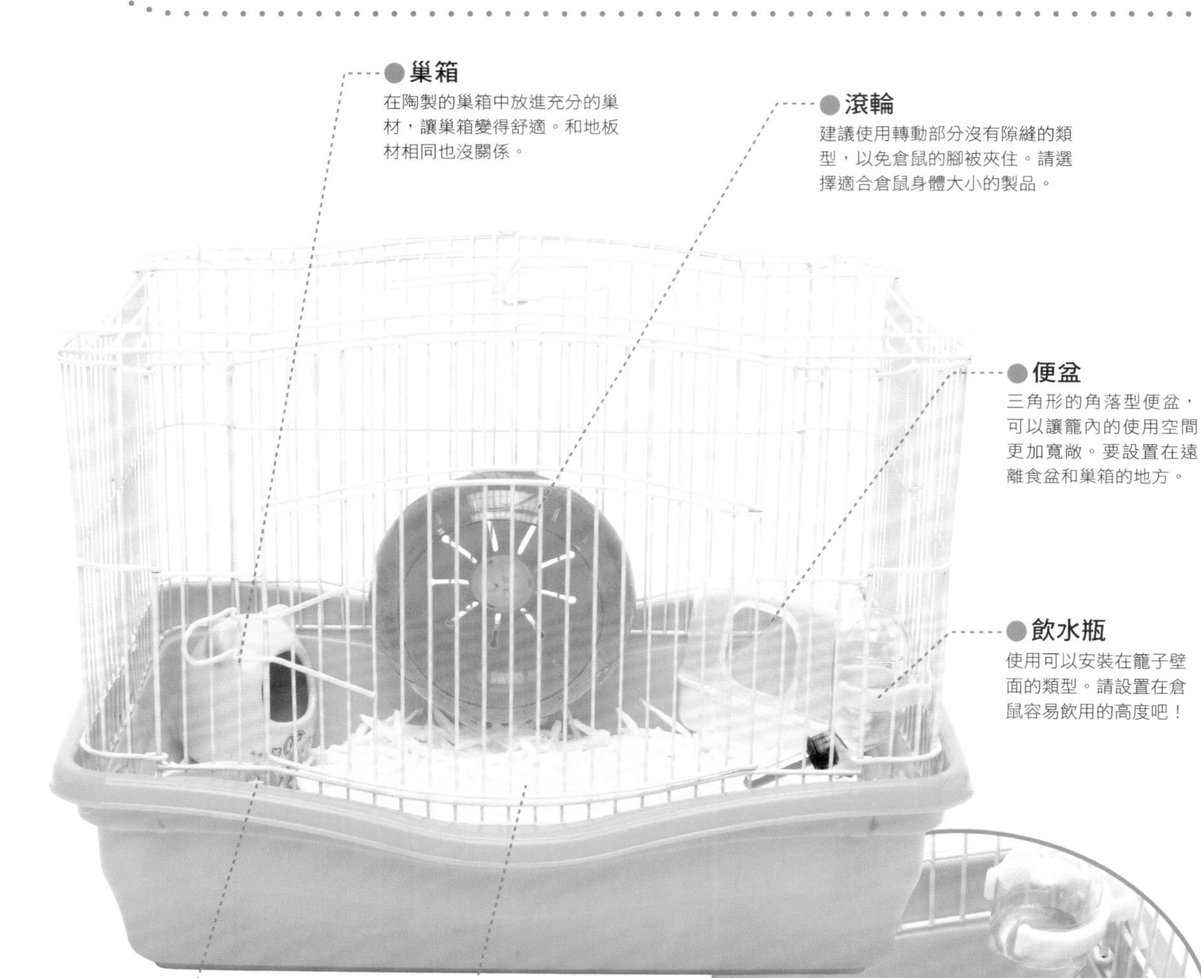

● 巢箱
在陶製的巢箱中放進充分的巢材，讓巢箱變得舒適。和地板材相同也沒關係。

● 滾輪
建議使用轉動部分沒有隙縫的類型，以免倉鼠的腳被夾住。請選擇適合倉鼠身體大小的製品。

● 便盆
三角形的角落型便盆，可以讓籠內的使用空間更加寬敞。要設置在遠離食盆和巢箱的地方。

● 飲水瓶
使用可以安裝在籠子壁面的類型。請設置在倉鼠容易飲用的高度吧！

食盆 ●
安裝在遠離飲水瓶的地方，以免水進入裡面。

地板材 ●
在這個設置範例中，使用的是不需擔心過敏、具衛生性的紙屑。鋪滿約 5 cm的厚度。

倉鼠的籠子依裡面的用品不同，
給人的印象也會有相當大的改變。
先來介紹使用簡單又整潔的鐵絲網籠所做的設置範例。

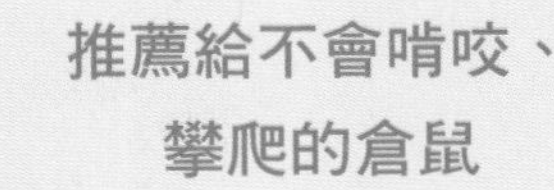

推薦給不會啃咬、攀爬的倉鼠

鐵絲網籠的透氣性佳，即使在高溫多濕的梅雨時節或是夏天，同樣能舒適地度過。如設置範例般鋪滿地板材後，再放入巢箱、食盆、便盆、飲水瓶等。

要注意的是，倉鼠會不會啃咬鐵絲網。如果是有啃咬習慣的倉鼠，可能會傷到牙齒，造成咬合不正等。也有些倉鼠會想逃出而攀爬，萬一掉落下來就危險了。如果有這些情況，最好避免使用鐵絲網籠。

為了**防止逃走**，出入口要確實鎖好

為了避免倉鼠擅自打開鐵絲網籠的出入口，請用金屬扣環等鎖好。如照片中的類型，一端是掛在籠子上的，可以減少忘了鎖上的情形，使用起來也很容易，非常方便。

如果在意**地板材散落**等問題，可以用瓦楞紙板等圍起來

使用鐵絲網籠，地板材可能會從網目空隙中散落到外面。如果在意髒污，可以用高約 20 cm的瓦楞紙板圍在籠子周圍。

籠子設置範例❷

只要放進可愛的物品，就有絕佳的裝飾性 水族箱型

蓋子

倉鼠可能會以玩具或巢箱等做為腳踏台，打開蓋子脫逃，所以請確實蓋緊。

巢箱

做成布丁形，非常可愛的陶製巢箱。是侏儒倉鼠剛好可以躲藏的空間。

便盆

使用入口狹窄型。裡面的便砂不容易飛散，比較衛生。塑膠製的清掃也簡單。

食盆

就算是小小的侏儒倉鼠，最好還是使用沉重的陶製食盆。放置在遠離廁所或飲水瓶的位置。

地板材

使用玉米屑。鋪滿讓倉鼠差不多可以隱藏身體的 5 cm左右的厚度。

飲水瓶

具穩定感，直接放置在地板上的水瓶。將飲水口的高度調整到倉鼠容易飲用的位置。

滾輪

為體型較小的加卡利亞倉鼠準備侏儒倉鼠用的滾輪。這是聲音小的類型，半夜也不需擔心噪音。

可愛型

透明的水族箱可以清楚看到裡面的樣子，
因此只要改變放入裡面的物品，就能呈現出各種不同氛圍的住家。
在此要介紹的是侏儒倉鼠用的可愛之家的範例。

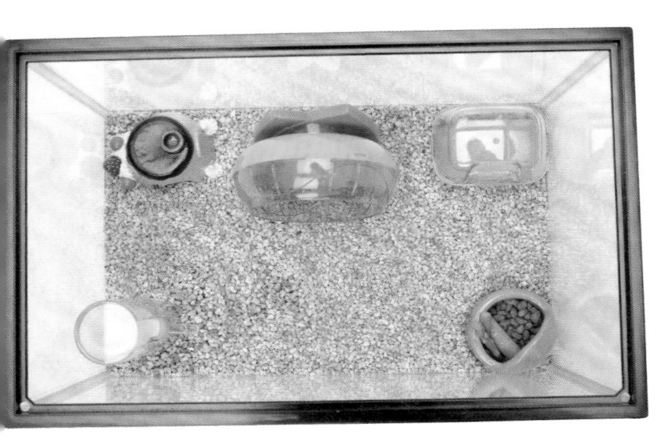

夏天也可以將蓋子更換成鐵絲網，以免透氣性不佳

水族箱型的籠子，不會像鐵絲網籠般會出現啃咬的情形，所以安全性高，也不用擔心脫逃的問題。

只不過透氣性不太好，所以在酷熱的夏天或是潮濕的梅雨時期，最好將蓋子更換成鐵絲網之類的網目型蓋子。

還有，水族箱也有各種不同的尺寸。最好選擇較寬敞的，才能夠確保運動量。空間大小的大致標準，請參考下面框起的內容。

水族箱型的籠子，優點是可以一眼看出倉鼠的情況

透明水族箱型的籠子可以清楚看到倉鼠的情況，同時也能享有做為室內擺設的樂趣。不過，四方都被看得一清二楚，會讓倉鼠無法穩定下來，最好如照片般，放置在一面靠牆的地方。

倉鼠必需的籠內空間的大致標準

黃金倉鼠

寬 300 ～ 350 mm ×
深 300 mm × 高 200 mm以上。
理想約為寬 650 mm ×
深 350 mm左右。

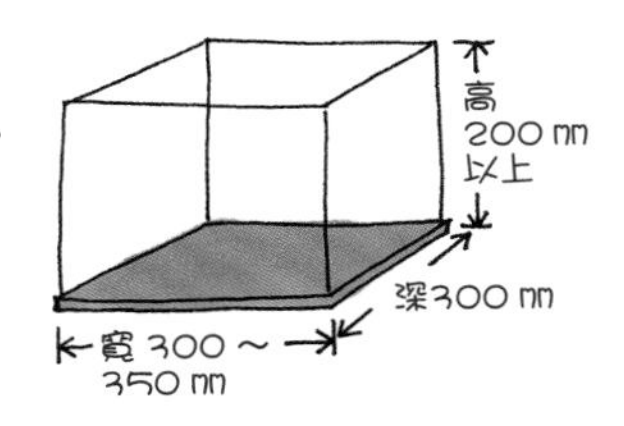

侏儒倉鼠

單隻飼養，
寬 350 mm × 深 250 mm ×
高 200 mm以上。
成對飼養，
寬 400 mm × 深 400 mm ×
高 250 mm以上為理想。

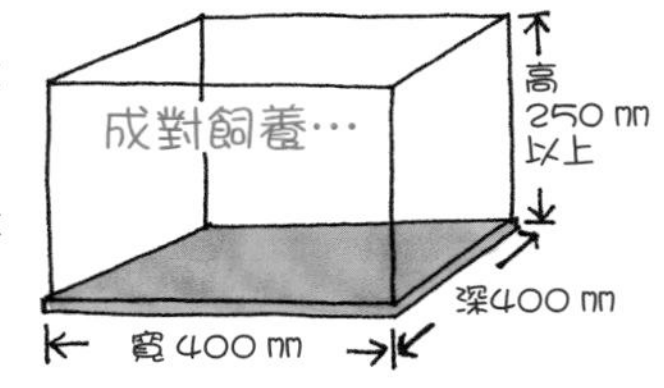

籠子設置範例❸

水族箱型

巢箱和地板材都使用天然素材，倉鼠也可以放輕鬆

飲水瓶
用吸盤安裝在壁面上的類型，在籠內不佔空間，安全性也高，非常建議使用。

滾輪
有各種尺寸及顏色。請選擇適合倉鼠身體大小、籠子整體配色的滾輪。

巢箱
像原木屋般的木製巢箱。可以拆掉屋簷，觀看裡面的情況。清掃也輕鬆。

便盆
可緊貼著角落收納的角落型便盆。只要放入除臭型的便砂，就不會有讓人在意的臭味。

地板材
天然素材的木屑，會散發出樹木的香氣，有助於防臭。請充足地放入大約 5 ㎝的厚度。

食盆
放置在角落，具穩定感的陶製食盆。食盆也要選擇適合倉鼠身體大小的。

即使同為水族箱型的籠子，
只要放進裡面的東西不同，氣氛也會完全改變。
這個設置範例是使用木屑和木製巢箱的自然型。

放入啃咬也安全的物品，在倉鼠的健康上也能安心

對倉鼠來說，啃咬東西是牠的本能。巢箱或食盆等建議使用啃咬也沒關係的木製品，或是無法啃咬的陶製品。

地板材有各種不同的種類，在這個設置範例中，使用的是木屑。木屑的原料是杉樹或松樹等天然樹木，不過未經加熱處理的類型可能會成為過敏的原因。請選擇有經過加熱處理的。

利用家中有的物品，就可做成**經濟又簡單**的設置

倉鼠的巢箱或玩具，可以活用家中既有的物品簡單地做成。可以用面紙盒做成巢箱，也可以用捲筒衛生紙的筒芯來代替巢箱或隧道使用。

還有，將牛奶盒切割成倉鼠可以進入的高度，入口稍微打開一些，用膠帶等固定後，就可以代替便盆使用。

用紙盒製作而成的用品，即使倉鼠啃咬也能安心，而且一髒污就可馬上替換，比較衛生。

家中的這些場所比較能讓倉鼠感覺安穩

倉鼠是很敏感的動物。即使在家裡，也要儘量將籠子放置在安靜、不太有氣溫差距、可以讓牠穩定下來的場所。

倉鼠對聲音很敏感，
請避免放置在吵雜的場所。

籠子的放置場所

安靜、濕氣低、可以調節溫度的場所為佳

倉鼠的籠子要放置在哪裡，是非常重要的。在實際開始飼養前，可以先模擬要放置在家中的什麼地方。

●選擇通風良好的場所

倉鼠很怕濕氣，最好將籠子放置在通風良好的房間。話雖如此，公寓等有時可能無法打開窗戶，這種情況請使用空調或是除濕機來調節濕度。

●須注意視聽家電和電腦

倉鼠的耳朵很好，對聲音很敏感。請將籠子放置在不太聽得到電視和收音機、電視遊樂器的聲音、人們談話聲等的安靜房間裡。此外，牠們也聽得到人類聽不到的超音波和高周波的聲音，所以請避免放置在視聽家電或電腦附近。

適合倉鼠的溫度、濕度

- 溫度……20～26℃
- 濕度……40～60%

請將籠子放置在這些場所

依照室內的擺設和空間，最佳的放置場所也會有所不同。
請參考下面的插圖，為你家的倉鼠找出家中的最佳位置吧！

✕ 濕氣高的地方

浴室或洗臉台、廁所等靠近用水處的附近，是容易累積濕氣的場所，最好避免。

○ 高度約1m的地方

請將籠子放置在穩固的台子上。

✕ 靠近出入口的地方

會讓倉鼠無法安穩地過日子。

○ 空調的風不會直接吹到的地方

空調的風如果直接吹到，可能會造成過冷或過熱，請注意。

○ 白天明亮，夜晚黑暗的地方

倉鼠屬於夜行性，如果夜晚還保持明亮的話，會讓身體狀況崩壞。

✕ 房間的正中央

籠子請貼著壁面放置。可以的話，兩面貼著牆壁是最好的。

✕ 電視、音響等的附近

會釋出電磁波，而且聲音吵雜，請避免。電腦附近也不行。

○ 距離窗戶1m以上的地方

距離窗戶太近容易到受晝夜溫差的影響，也會聽到外面的噪音，應避免。

有養其他動物時

不要將狗貓等放在同一個房間裡

有飼養貓狗等寵物時，絕對不可以和倉鼠放在同一個房間裡。

因為這樣會讓倉鼠感到害怕，而且貓狗也有攻擊倉鼠的危險。飼主外出時，要確實關好房間的門。

經常外出時

飼主不在家時，也要利用空調等來調節溫濕度

飼主因為工作等外出的期間，請用空調等來調節室內的溫度和濕度，以保持一定。

尤其是酷熱的夏天和寒冷的冬天，對倉鼠的身體來説非常難耐。可以使用計時器等，有效地控制溫濕度。

檢查室內的安全以防萬一

倉鼠有時會跑到意想不到的地方，要注意。

雖然沒有必要將倉鼠放到籠子外面遊戲，不過還是要先做檢查，看看萬一倉鼠跑出籠外時有沒有危險的地方。

室內充滿了危險

以倉鼠的視角來確認安全

人類的房間充滿了對倉鼠而言危險的場所。家具的隙縫、電線等尤其會成為嚴重受傷的原因。

●了解倉鼠會進入狹窄處的習性

倉鼠的身體小，而且非常柔軟，所以能夠進入相當狹窄的地方。萬一稍不留神讓牠跑出來，可能會倏地躲藏在地毯下、沙發縫隙中等。最重要的是要將籠子確實鎖好，以免牠隨便逃到外面來。此外，放置籠子的房間的門和窗戶，當沒人在家時，最好經常保持關閉。

●萬一行蹤不明時

大聲叫喚會讓倉鼠更加害怕地躲起來，最好使用食物叫牠過來。詳細做法請參照95頁。

這些意想不到的地方會成為危險地帶！

■ 黏著型的蟑螂屋

蟑螂屋的黏著力強，倉鼠被黏到也無法脫身。

■ 錄放影機的錄影帶取出口

只要頭能夠進入的地方，不管哪裡倉鼠都會鑽進去，要注意。不使用的時候，請將它封住。

■ 家具或家電的縫隙

家具和家具之間的縫隙、家電製品的內側等，都是倉鼠容易跑進去躲藏的地方。

室內的這些地方要做好安全確認

要檢查室內的危險場所時，最重要的就是要以倉鼠的視線來看。
注意再注意，盡可能為倉鼠做好防護措施吧！

不在房間時，要確實關好門窗

飼主不在室內時，請確實關好門窗。

狹窄的地方要禁止讓牠進入

家具的隙縫要放入雜誌或報紙等，讓倉鼠無法進入。

重要的東西要放在倉鼠搆不到的地方

不能被倉鼠亂抓亂咬的東西，請不要放置在室內。

電線等要收在倉鼠看不到的地方

電線要用膠帶固定在牆壁上，或是用波紋管（電線保護管）做保護。至於插座，只要將寶特瓶切開後，蓋在上面就可安心。

注意不要踩踏到倉鼠

當倉鼠從籠子裡跑出來時，可能會藏在地毯下等地方。請非常小心地尋找，以免踩踏到倉鼠。

不要放置危險的物品

蚊香、香菸、人類的食物（尤其是巧克力，有引起中毒的危險）、觀葉植物（有些會引起中毒。參照115頁）等，請不要放置在倉鼠所在的房間中。

Hamster Column 2

在日本，飼養倉鼠的相關法律是？

倉鼠雖然是可以低價購得的寵物，不過隨著法律修改，
販賣店也必須有政府的許可才行。
希望各位飼主也能對小生命負責到最後，好好地照顧牠。

為了愛護動物而修改法律

1989年6月，為了讓人和動物之間有更好的關係，日本修改了動物保護及管理的相關法律。這是為了要規範惡質業者的販賣，讓飼主遵守道德禮儀，盡義務好好飼養動物到最後。伴隨而來的，就是販賣倉鼠的業者必須獲得政府的許可。購買時，最好選擇擁有「動物買賣業登錄證」的業者。

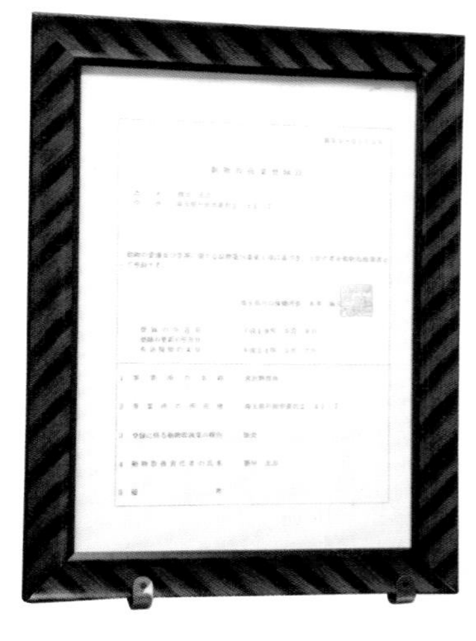

這是保健所發給的「動物買賣業登錄證」。也要檢查一下登錄的有效期限等。

大人也要加以注意，以免小朋友養到一半就棄養了。

小學生以下的孩童，在購買時必須有保護人的簽名

體型嬌小、個性溫和的倉鼠，是連小孩子也容易飼養的寵物。不過隨著法律的修改，小學以下的孩童在寵物店購買時必須要有監護人的簽名才可以。

還有，大人也必須好好教導小朋友正確的飼養方法和對待倉鼠的方法。要讓孩子們學習愛護動物的精神，大人們也要以身作則才行。

PART 3

倉鼠的
馴養法和基本照顧

為了可愛的倉鼠的健康，
要認真地照顧哦！

確實做好必需的照顧

想要讓倉鼠健康長壽，每天的照顧非常重要。先來了解每天該做的事情，以及各個季節該做的事情吧！

照顧的重點

固定時間，每天都要好好地照顧

就像食衣住對人類來說是不可欠缺的一般，食（營養均衡的食物）、住（籠子的清掃）對倉鼠而言也是必不可少的。

固定好時間就不會忘記

對倉鼠的照顧就如右頁所示，有每天的照顧事項、偶爾的照顧事項、因應季節的照顧事項、一年一次的照顧事項等。有時候一忙起來可能就會忘記，所以最好能決定好每天的照顧時間。

愉快地照顧

每天的照顧時間，是享受和可愛的倉鼠進行交流樂趣的時間。若是飼主疲倦時也無須勉強，有些日子只要做好更換食物和水等最低限度的照顧即可。

良好照顧的心得

1 過度關心會成為壓力的來源

確實地照顧很重要，但是過度關心就不太好了。

2 清潔的環境、營養均衡的飲食是關鍵

倉鼠是喜歡乾淨的動物。籠子一髒，就容易生病。此外，營養均衡的飲食也是健康上不可欠缺的。

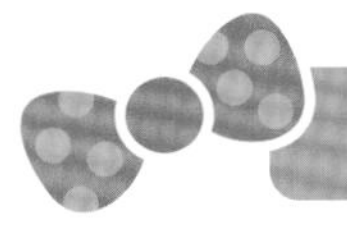

必須給倉鼠的照顧

倉鼠是夜行性的，所以每天的照顧請在牠變得活潑的傍晚到夜間這段時間內進行。

每天的照顧

●給予食物

一天一次檢查食物減少的情況後，將舊的食物處理掉。食盆洗淨後，再放入新的食物。

●換水

檢查飲水瓶的減少情況後，將裡面的水更換成新鮮的水。瓶內如果髒了，就用刷子清洗。

●清潔便盆

丟掉已經髒污的便砂，將便盆稍微清洗後，加入新的砂子。要留下一些沾有氣味的砂子。

●地板材髒了就要更換

不需要每天更換，不過若是有食物灑落出來，或是在便盆以外的場所排泄弄髒了，就要做部分性的更換。

●健康檢查

放入透明的塑膠箱裡，檢查整個身體。

※參照121頁。

偶爾的照顧

●籠子的大掃除

最少一個月一次，將籠子裡面的東西全部拿出來，整個清洗。如果能確實地進行熱水＆日光消毒，就更加安心了。

※做法參照83頁。

因應季節的照顧

●做好禦寒・防暑對策

重點是要讓倉鼠夏天涼爽、冬天溫暖地度過。請審視飼養環境，如果有需要，就準備禦寒・防暑用品。

※參照84～87頁。

一年一次的照顧

●接受健康檢查

除了平日的健康檢查之外，每年應接受一次動物醫院的健康檢查，有助於疾病的早期發現。上了年紀後，若能每年做2次的檢查，更讓人安心。

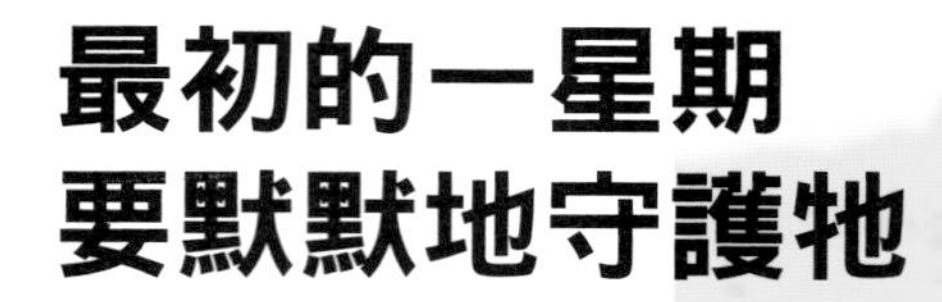

最初的一星期 要默默地守護牠

將倉鼠帶回家後，你大概會想立刻和牠成為好朋友吧！不過剛開始還是稍微忍耐一下。請等待一個星期左右讓牠習慣環境吧！

倉鼠來到家中後，先讓牠安靜度過。

帶回家的時間

因為是夜行性的，最好在傍晚時帶回家

建議在傍晚的時候將倉鼠帶回家。因為夜行性的倉鼠要到傍晚才會變得有精神。回到家後，先把牠放入籠子裡，觀察一下情況。習慣新環境所花費的時間可能有個體差異，不過大多要花上幾天的時間。

慢慢花時間和牠成為好朋友

等倉鼠熟悉環境之後，不妨試著從用手餵食開始。對小小的倉鼠來說，人類的手非常大，剛開始會感到害怕是理所當然的。請慢慢花時間讓牠習慣吧！

馴養方法會依品種而異

和黃金倉鼠、加卡利亞倉鼠比起來，坎培爾倉鼠和羅伯羅夫斯基倉鼠要花更多時間才能馴養。也有花了很長的時間仍然無法馴養的倉鼠，請不要勉強。

避免嚇壞倉鼠的

須知事項

不要突然伸手摸牠

突然去摸正處於緊張狀態的倉鼠很可能會被咬。剛開始的幾天請不要觸摸牠。

不要大聲和牠說話

因為對聲音很敏感，大聲呼喚牠的名字，會讓牠受到驚嚇。

如果無法安穩下來，就用布等覆蓋籠子

如果倉鼠無法安穩下來，就關掉電燈，或是用深色的布等覆蓋籠子，放置在安靜的場所。

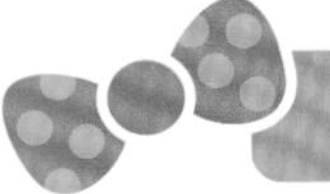

讓倉鼠自然習慣環境的最初一星期的生活方式

來到新家的倉鼠，充滿了不安和緊張。

也有些倉鼠會因為過度緊張而失去健康，所以請觀察牠的狀況，慢慢地和牠互動吧！

第1～3天

觀察情況，讓牠安靜度過

準備充分的食物和水，放入籠中。只要偶爾檢視一下倉鼠的身體狀況有沒有變差，其餘時間就讓牠安靜度過。最好第一天也儘量不要探視。房間的溫度和濕度也要調整為讓牠舒適的溫濕度。

第4～6天

習慣後，試著用手餵食

經過幾天，倉鼠對新家慢慢習慣後，對籠子外面的世界也會開始感興趣。不妨隔著籠子用手餵食，讓牠記住你的氣味。此外，也可以用輕柔的聲音呼喚牠的名字。

一星期後～

如果倉鼠不討厭，就可溫柔地撫摸牠

待倉鼠記住你的氣味後，就不會討厭你伸手接近牠了。等到倉鼠習慣後，可以輕輕地摸牠的頭，順著毛流撫摸。更進一步習慣後，有許多倉鼠甚至會爬到手上來，所以請不要焦急，慢慢地和牠成為好朋友吧！

來學習安全的拿法

倉鼠屬於小心謹慎派。突然被拿起來會讓牠受到驚嚇。基本拿法是要溫柔包覆般地用兩手確實拿穩。

因為很纖細，所以要溫柔地對待牠。

基本的拿法

用兩手溫柔包覆般地捧著

倉鼠的身體小，非常纖弱。只要稍微粗暴地對待，就有可能受傷。絕對不可以突然拿起來，或是只用一隻手拿起來。萬一倉鼠受到驚嚇而逃走了，尋找將大費周章。等到有某程度的信賴關係後，再來挑戰用手拿起來吧！

先叫牠後再捧起來

突然伸手將牠抓起來，會讓倉鼠受到驚嚇。最好輕輕叫喚牠的名字，讓牠爬到手掌上後，再慢慢捧起來。

注意不要讓牠受傷了

還沒有習慣的倉鼠，或是心情不好的倉鼠，當快要被人摸到時，可能會咻地從手上跳脫逃走。萬一從高處跳下來的話，或許會有骨折的危險，請注意。

討厭被碰觸的地方，可以被碰觸的地方

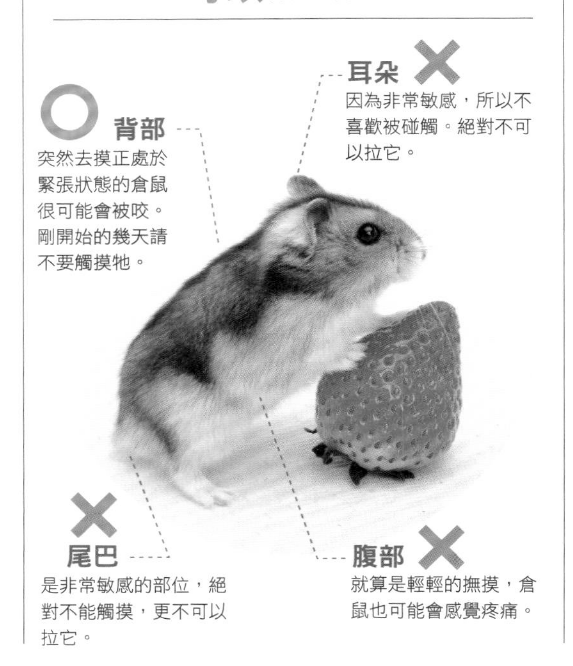

耳朵 ✕
因為非常敏感，所以不喜歡被碰觸。絕對不可以拉它。

背部 ○
突然去摸正處於緊張狀態的倉鼠很可能會被咬。剛開始的幾天請不要觸摸牠。

尾巴 ✕
是非常敏感的部位，絕對不能觸摸，更不可以拉它。

腹部 ✕
就算是輕輕的撫摸，倉鼠也可能會感覺疼痛。

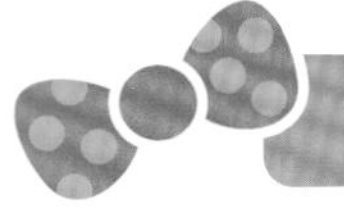

倉鼠的正確拿法

對於被人類拿起來這件事，有些倉鼠不會抵抗，也有些倉鼠很不喜歡，個體差異很大。

如果是會感到害怕的倉鼠，就不要勉強拿起牠，等牠更加習慣後再來挑戰吧！

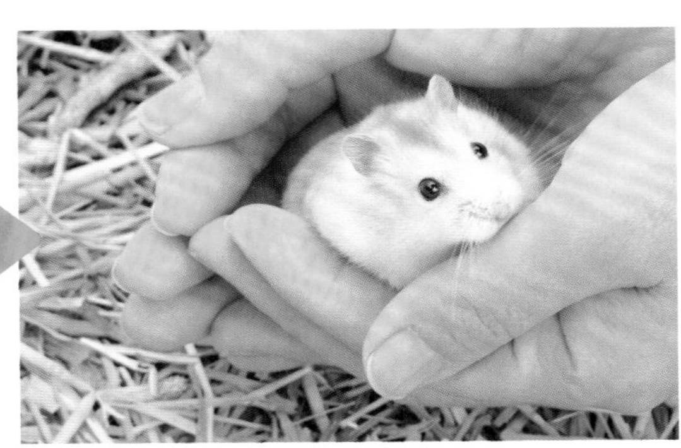

1 先叫名字後再慢慢伸出手

先叫倉鼠的名字，一邊從前方輕輕地將手打開，靠近牠。

2 輕輕用兩手包覆般地捧著

將手靠近倉鼠的兩腋下，溫柔包覆般地捧著。

這樣的拿法絕對不行！

從後方或上方伸出手

倉鼠野生的天敵非常多，如果從後方或上方伸出手的話，牠會誤以為是鳥類等來襲而受到驚嚇。

硬是要抓牠

剛睡醒或是肚子餓等心情不好的時候，硬是要抓牠可能會被咬。

在習慣之前，請坐在地上，將倉鼠捧到膝蓋上

倉鼠有時會突然想跳下去，所以在習慣前還是坐在地上，將牠捧到自己的膝蓋上吧！

倉鼠 小知識

過敏體質的人在摸倉鼠時請注意

依飼主的體質而異，有時可能會出現摸了倉鼠後誘發氣喘等症狀。如果開始飼養後，身體狀況有了變化，請向醫師諮詢。還有，即使自己沒事，家人也可能會有過敏的情形，請注意。

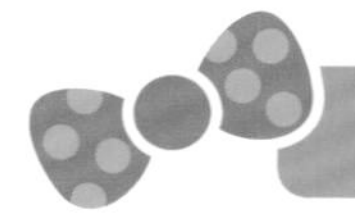

不習慣被人用手捧著的倉鼠的拿法

就算沒辦法用手拿起倉鼠，有時還是會遇到清掃籠子或是要帶往醫院等非得移動倉鼠不可的情況。這時，不妨試試這個方法。

1 用一隻手拿著杯子，將倉鼠趕進去

誘導倉鼠進入杯子裡。用一隻手拿杯子，另一隻手追趕倉鼠進去，就可順利進行

2 倉鼠進入杯子後，慢慢拿起來

等倉鼠進入杯中後，就把杯子移正，慢慢拿起來。

3 用另一隻手蓋住後再移動

用另一隻手蓋住杯口後再移動，以免倉鼠跳出來。等運送完成後，放開當做蓋子的手，等牠自行出來。

羅伯羅夫斯基倉鼠大多是不容易與人親近的倉鼠，請不要勉強

羅伯羅夫斯基倉鼠非常膽小，不喜歡身體被人碰觸的個體很多。由於大多都沒辦法讓飼主用手捧著，因此絕對不可以強迫。移動的時候，建議使用上面介紹的使用杯子的方法。

熟練利用其習性的安全拿法

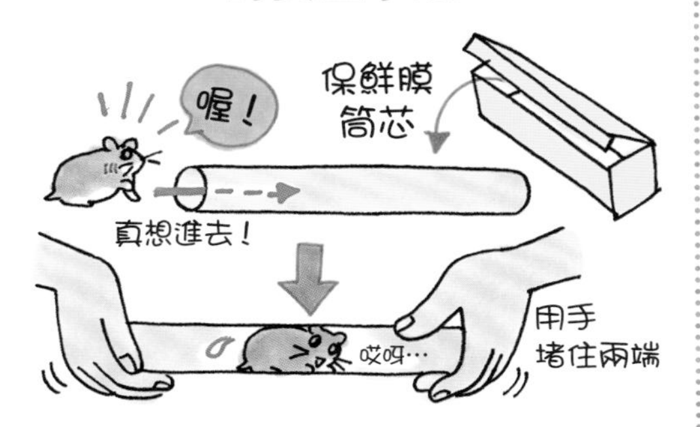

讓牠鑽進衛生紙或是保鮮膜的筒芯裡

倉鼠有鑽進狹窄處的習性，因此也可以利用這種習性來移動倉鼠。先放置隧道狀的捲筒衛生紙或保鮮膜的筒芯，等倉鼠進入裡面，之後再用兩手堵住做為出入口的兩端，橫拿移動。

倉鼠 小知識

突然伸出手可能會被咬，須注意

就算已經馴熟了，突然把手伸進籠子裡還是可能會被咬。萬一被咬到了，必須立刻消毒；如果疼痛越來越劇烈，就要前往醫院。此外，被倉鼠咬到也可能會引起休克症狀，要注意。（過敏性休克→參照 146 頁）

別再試吃了！

利用習性 讓牠學會上廁所

倉鼠有在固定場所如廁的習性。不妨利用這一點來進行如廁教養。重點是不要心急，慢慢地花時間進行。

就算如廁失敗，
也絕對禁止責罵。

嚴禁強迫性的教養

要領是要留下沾有牠氣味的東西

野生倉鼠在巢穴中會把離床鋪最遠的地方當做廁所，在那裡排尿。一旦決定後，就會在相同的地方進行。不妨利用這個習性，讓寵物倉鼠學習如廁吧！

● 便盆的位置是重點所在

設置籠子時，重點是要如右方照片般，將便盆設置在離巢箱最遠的地方。

● 學不會時請不要勉強

就算因為倉鼠記不住上廁所的地方而責罵牠，也不會有效果。不妨留下沾有牠氣味的東西，利用倉鼠優異的嗅覺來讓牠記住。

就算倉鼠記住了排尿的場所，也很少會在相同的地方排便，因此還是經常清掃吧！

將便盆設置在巢箱的另一側，遠離食盆的場所

在籠中設置便盆時，最好是在離巢箱最遠的對角線上。裡面放入的便砂請避免使用會凝固的類型，否則可能會在頰袋中凝固或是黏在潮濕的手腳上。

讓倉鼠熟練如廁的順序

教養成功的關鍵在於倉鼠優異的嗅覺。
請將沾附尿液的便砂或巢材放在便盆中，好讓牠知道在什麼地方。

1 在便盆中留下尿液氣味

將沾附尿液的便砂或巢材放進便盆裡。如此一來，倉鼠就能藉由氣味察知便盆所在，而在裡面上廁所。也有些倉鼠老是記不住便盆的位置，請反覆進行，多挑戰幾次看看吧！

2 禁止勉強，有耐心地教養

通常黃金倉鼠似乎比侏儒倉鼠更容易學會如廁，但即使同為黃金倉鼠，也有些倉鼠老是學不會。
強制性的教養會成為壓力，還是不要勉強，有耐心地進行吧！

總是在便盆以外的地方排尿時……

有些倉鼠不管怎麼教都不會在便盆裡上廁所。萬一總是學不會時，就讓牠在自己喜歡的地方如廁也沒有關係。便盆的類型對倉鼠來說也有好用和不好用的。當倉鼠總是學不會如廁時，試著設置不同類型的便盆也是一個方法。

為倉鼠選擇適合身體大小的便盆，似乎大多就能順利學會。

配合生活節奏來進行飲食、遊戲和掃除

夜行性的倉鼠，其自然的生理節奏是傍晚起床，夜間活動。即使是和人類一起生活，也請儘量讓牠遵守那樣的節奏吧！

規律的生活是健康管理上不可欠缺的。

倉鼠的生理節奏

因為是夜行性，白天大多在睡覺

人類是白天活動，晚上睡覺；而夜行性的倉鼠卻是白天大多在睡覺，約從傍晚開始變得有精神，夜間則活潑地活動。

倉鼠的睡眠時間是幾個小時？

倉鼠的平均睡眠時間大概是14個鐘頭。由於白天幾乎都在睡覺，所以有些飼主可能會擔心「生病了嗎？」，但其實無須擔心。此外，夜間倉鼠也不是一直清醒的，似乎也有不少倉鼠偶爾會睡一下。

遊戲要在傍晚到夜間的時段進行

在牠睡覺的時候強迫牠起來，對身體並不好。想和倉鼠玩的話，最好在牠們精神十足的傍晚到夜間這段時間內。餵食和清掃也應在傍晚以後進行。儘量每天在相同的時間，有規律地照顧牠，在維持健康上是很重要的。

整天在明亮的環境中生活，是引起荷爾蒙異常的原因

到了晚上，請關掉房內的燈光，或是用布覆蓋籠子，讓環境變暗。一整天都持續在明亮狀態的話，會讓倉鼠的生理節奏紊亂。荷爾蒙的調和一旦變得不穩定，很容易罹患生殖器官的疾病，要注意。

倉鼠的一天和照顧的時機

人類和倉鼠的生活節奏是不同的。請在彼此不勉強的情況下互相配合，決定好照顧的時間和一起遊戲的時間吧！

倉鼠

am.6:00

倉鼠

● **差不多開始睡覺了**
夜行性的倉鼠會在早上太陽升起的時候開始睡覺。

人類

■ 起床
■ 吃早餐，然後工作或上學

pm.12:00

倉鼠

● **有時候會起來**
有時會起來吃東西，不過幾乎都在睡覺

人類

■ 吃午餐

pm.6:00

倉鼠

● **漸漸起來活動**
在傍晚～夜間的時段，倉鼠會變得較為活潑。

● **進食**

人類

■ 回家
■ 吃晚餐
■ 照顧倉鼠

照顧請在傍晚～夜間進行

- 餵食、換水
- 簡單清掃籠子和廁所
- 如果是已經馴熟的倉鼠，可以將牠捧在手上和牠玩
- 做健康檢查，看看身體有沒有變化（參考120頁）

倉鼠

● **在人類睡覺的時間活潑地活動**
半夜有時也會踩滾輪。不過夜間也不是一直都清醒的，偶爾也會睡一下。

人類

■ 洗澡
■ 睡覺

地板材也要
每天檢查是否髒污。

每天一次檢查籠子的髒污情況，維持舒適的環境

清潔的居住環境在維持倉鼠的健康上是不可欠缺的。為了保持籠子的清潔，請每天進行一次簡單的清掃吧！

籠子的清掃

在傍晚～晚上固定時間，養成每天清掃的習慣

愛乾淨的倉鼠如果一直住在骯髒的籠子裡，就會開始生病，或是讓身體狀況變差。尤其是在潮濕的梅雨時期和夏天，細菌很容易繁殖，一不衛生，就容易引起皮膚病等。

每天一次簡單的清掃

在倉鼠開始活潑活動的傍晚，為牠更換食物和水，並簡單地清掃籠子。只要做到更換便盆裡的便砂，地板材或巢材如果髒了就拿掉並補充新的——像這樣的程度就夠了。

清掃的同時也檢查排泄物

清掃便盆並更換地板材時，請檢查一下尿液和糞便的狀態。如果顏色或氣味和平常不同，或是糞便有下痢或混有異物的情況，就要詢問獸醫師。

有了會比較方便的清掃用品

地板材用鏟子

更換地板材時，使用鏟子會比較方便。不妨準備如照片中的寵物用鏟子，或是用家中原本就有的鏟子來代替使用。

寵物用除臭劑

在梅雨時期或夏天，可能會出現讓人在意的臭味。不妨使用除臭劑，擊退讓人討厭的氣味。既是寵物用的除臭劑，當然是由對身體溫和的成分製成的，可以安心使用。

每天清掃的檢查重點

為了經常保持清潔，請養成每天清掃一次的習慣。剩餘的食物或是排泄物放著不管的話，會讓細菌繁殖，成為疾病的根源。請確實清掃乾淨。

便盆

用鏟子等除掉骯髒的便砂。如果髒污很明顯，就要將便盆整個清洗。請先留下少許沾附尿液味道的便砂。

飲水瓶

飲水瓶的內部不容易清洗，最好使用較長的刷子來清洗。附在飲水側的橡膠部分也要充分清洗，以免黏滑。

食盆

丟掉吃剩的食物後，用水清洗容器。待完全乾燥後，再放進新的食物。若是在潮濕狀態放入時，容易讓食物腐壞。

地板材・巢材

用鏟子除去弄髒的部分，補充新的材料。有時倉鼠會在巢箱中儲存食物，所以巢箱裡面也要檢查。

清掃的重點
留下少許沾附氣味的東西

每天清掃時，請確認飲水瓶中的水和食盆中的食物減少的情況。

味道消失可能會讓倉鼠不安

倉鼠會將香腺所分泌的自己的氣味塗抹在住處的各個地方，用來主張地盤。因此，氣味如果完全消失，可能會讓牠變得不安，無法靜下來。請在便盆和巢箱中，為牠留下一點沾附氣味的便砂和地板材吧！

季節交替時請特別注意

倉鼠在春天和秋天等季節交替的時候會換毛。尤其是長毛種的倉鼠，由於脫落的毛量多，請仔細地檢查髒污的情況。此外，在食物容易腐敗的梅雨時期和夏天，也應確實清掃。

大約每個月一次的住家大掃除

只要每天清掃，就不會有太髒的情形，不過籠子的地板面等還是會蓄積看不見的髒污。大約每個月進行一次大掃除吧！

為了健康，
定期大掃除很重要。

大掃除要定期施行 將籠子裡的東西全部拿出來，徹底清潔乾淨

和人類一樣，倉鼠的住家偶爾也要幫牠大掃除。一般是每個月一次，梅雨時節或夏天則約為1～2週一次。將倉鼠移到提籃等之後，把籠子裡面的東西全部拿出來，整個用水清洗；各個物品也要仔細清洗乾淨。

清潔劑或漂白劑要沖洗乾淨

如果使用清潔劑或漂白劑清洗，請用水確實沖洗乾淨。倉鼠對氣味很敏感，如果殘留有牠嗅不慣的味道，就會變得不安。

在浴室清洗會比較容易

清洗整個籠子需要相當大的空間。建議在浴室等寬敞的場所進行會比較容易。

大掃除的時候請移動倉鼠

要進行籠子的大掃除時，請將倉鼠放入移動用的提籃中，確保安全後再進行。在提籃中放入少許沾附氣味的地板材和食物，倉鼠也能安心。

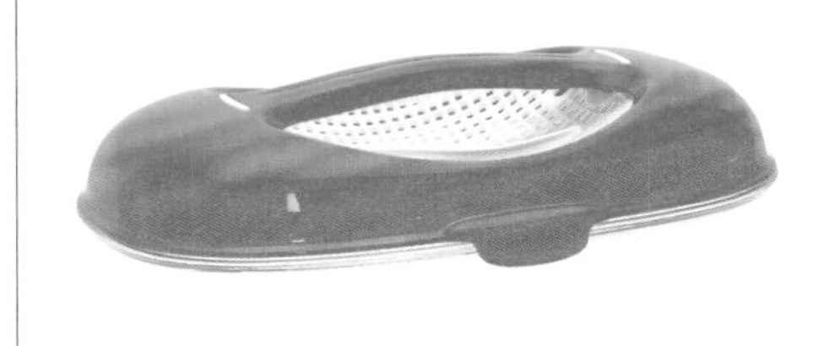

準備一個塑膠製的提籃，
必要時總是比較方便。

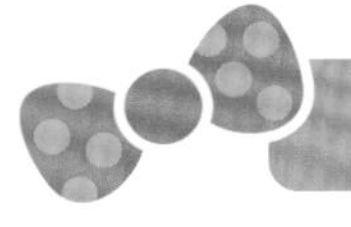

大掃除的順序和注意事項

儘量在天氣良好的日子進行大掃除，清洗過的東西也能自然乾燥，可以節省不少工夫。
最好也要準備清掃用的海綿或刷子等專用的工具。

1 移動倉鼠，把裡面的東西全部拿出來

將倉鼠移動到提籃等裡面後，將籠子裡面的東西全部拿出來。蓋子或金屬零件等可以拆下的東西也要先拆除。

2 籠子整個清洗，食盆、飲水瓶等也要清洗

水族箱或塑膠箱使用海綿，鐵絲網型則要使用刷子等，整個用水清洗乾淨。食盆或飲水瓶、巢箱、便盆、滾輪等放在籠子裡面的東西也要全部清洗。

3 視需要進行漂白

萬一污垢黏著難以清除，或是氣味等令人在意時，也可以使用漂白劑。請確實沖洗乾淨。

4 熱水＆日光消毒

洗完後，金屬部分或陶製食盆、巢箱等，請用熱水進行消毒。其他的東西請將水氣擦拭乾淨後，做日光消毒。

5 回復原狀，放入倉鼠

倉鼠不耐溼氣，所以要等所有的東西都完全乾了以後，再佈置回原來的模樣。地板材和便砂請先混合好沾附有少許氣味的。

倉鼠 小知識

地盤意識強烈的倉鼠在清掃時須注意

雄性中有許多地盤意識強烈的倉鼠，在大掃除後可能會變得不安。請為牠多留一些沾附氣味的東西在籠子裡。此外，懷孕中的雌倉鼠的籠子請不要清掃，否則會讓牠無法安心生產。

依季節整理舒適的居住環境

倉鼠對溼度和溫度的變化很敏感，還有夏天的悶熱和冬天的寒冷也讓牠難以忍耐。請為牠整理環境，讓牠一整年都能舒適地度過吧！

夏天的食慾容易低落，要特別注意。

禦寒・防暑最重要

以禦寒・防暑對策為主，來進行每個季節的照顧

春夏秋冬四季分明，各個季節的自然都非常豐富的日本風土。不過，對於倉鼠來說，並不算是最好的生活環境。

夏天、冬天要特別注意溫度管理

暑熱的夏天、寒冷的冬天，都是倉鼠難以忍受的季節。尤其是悶熱的夏天，很容易消耗體力，對幼齡倉鼠和高齡倉鼠而言都是嚴苛的季節。請以空調等確實施行溫度和濕度的管理，將籠子放置在通風良好的場所，注意避免讓倉鼠中暑了。

儘量減少白天和夜間的氣溫差異

從秋天到冬天、冬天到春天的季節轉換之際，冷熱差異激烈，即使白天氣候舒適，夜間氣溫還是可能會驟降。夜裡可以將布覆蓋在籠子上進行保溫，儘量減少氣溫差距。

對倉鼠來說的

舒適環境是？

濕氣少，通風良好

因為倉鼠在野生下是居住在沙漠地帶等，所以不耐多濕的環境。請將濕度保持在40～60%左右。不可以只依賴空調，也要多費心思將籠子移動到通風良好的場所。

減少一整天的冷熱差距

倉鼠的體型小，對於冷熱差距的反應比人類還大。在關掉冷氣或暖氣的夜間等時，身體狀況很可能會變差，所以要做好一整天的溫度管理才行。

梅雨～夏 注意濕氣和暑熱，讓牠舒適地度過

度過暑熱

善加使用空調，使溼度和溫度保持一定

為了避免倉鼠因天熱而變得慵懶，請確實管理溫度和濕度，舒適地度過夏天吧！

最好使用空調

活用空調，保持在舒適的溫溼度。太冷對身體也不好，所以大致要將溫度設定在24～28℃，溼度則設定在40～60%。此外，也要注意空調的風不要直接吹向籠子。建議使用鐵絲網型的籠子，以保持通風良好。

活用保冷材等

尤其是在酷熱的日子，不妨活用寵物用的保冷材或防暑用品。除了市面販賣的商品之外，將保冷材或裝水冷凍的寶特瓶放置在籠子周圍，效果也不錯。

此外，對於不太喝水的倉鼠，不妨多給一些蔬菜或水果等水分豐富的食物。

有了會比較方便的用品

石板床

在床鋪下方放入保冷材，因保冷材而冷卻的空氣就會適度地冷卻石板的部分。

涼板

這是保冷材盒和保冷材的組合。置於冰箱中冷卻，可以一再使用，非常經濟。

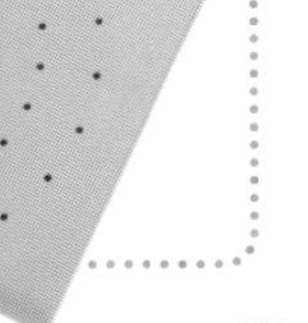

冬　要注意溫度的急遽降低

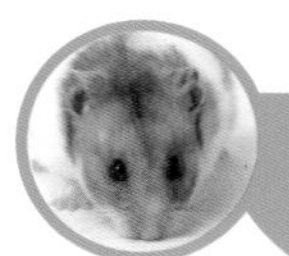

禦寒對策

利用保溫燈或空調保持舒適的溫度

雖然不像暑熱那樣難熬，不過倉鼠對於寒冷同樣不耐。請多用心思讓牠溫暖地度過吧！

溫度要保持在15℃以上

當氣溫低於5℃時，倉鼠就會冬眠。有時在10℃左右就會進入冬眠狀態，所以籠內的溫度最低應保持在15℃。

不妨使用空調，或是放入右方介紹的禦寒用品來進行溫度管理。此外，也可以增加地板材、在巢箱中放進充足的巢材等，以讓倉鼠溫暖地度過。

飲食也要多用心思，以維持體溫・體力

儘量增加熱量高的食物，以維持體溫和體力。不妨在平時的菜單中少量增加葵瓜子等含油種子，或是起司等動物性蛋白質等。

有了會比較方便的用品

保溫墊

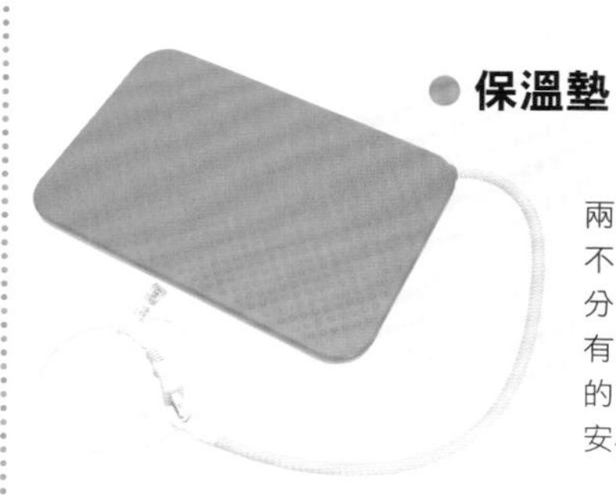

兩面的溫度設定不同，可依氣溫分別使用。電線有防止倉鼠亂咬的加工處理，可安心。

寵物保溫燈

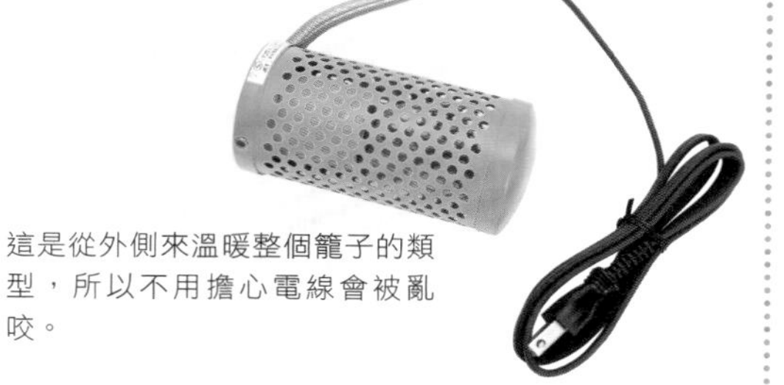

這是從外側來溫暖整個籠子的類型，所以不用擔心電線會被亂咬。

春・秋 要注意早晚的氣溫差異

換毛期的注意事項

長毛種的倉鼠要進行被毛的護理

雖然是比較舒適的季節，不過早晚的氣溫差異頗大，請儘量設法減少溫差。最好多放些地板材，如果天氣寒冷的話，可以讓倉鼠潛入。此外，也可以將當季的蔬菜或野草等營養豐富的新鮮食物加入平日的菜單中。

● 因為是換毛期，要進行被毛的護理

春天是由冬毛變成夏毛，秋天則是由夏毛變成冬毛的被毛換生季節。尤其是長毛種的倉鼠，最好在不勉強的範圍內幫牠刷毛。如果倉鼠不喜歡，也可以不要勉強。

● 如果想讓牠繁殖，就在這個時期

如果想增加倉鼠寶寶，建議在氣候穩定的春天或秋天進行繁殖。不過，想讓牠在春天繁殖時，請先觀察是否有因為冬天的寒冷而造成體力衰退的情況後再進行。

冬天要確實做好溫度管理，以免倉鼠進行假冬眠

野生倉鼠會進行冬眠，不過寵物倉鼠還是不要讓牠冬眠比較好。萬一開始假冬眠的話，可以用保溫燈或空調提高室溫，讓牠恢復意識。之後，再給予葵瓜子等營養價值高的食物或是維他命等，讓牠回復體力。

身體的護理 請不要勉強進行

剪爪子等身體的照顧，如果飼主能幫牠做當然是最好的，不過也有些倉鼠非常不喜歡。若是沒辦法進行的話，就交給獸醫師吧！

如果倉鼠不喜歡還強迫牠的話，以後會變得越來越棘手，請注意。

禁止勉強進行

如果倉鼠討厭護理，可以找獸醫師商量

每天進行照顧，可以及早發現倉鼠身體的變化。一旦有在意的地方，不妨立刻向獸醫師諮詢。

● 爪子過長是造成受傷的原因

野生倉鼠不會有爪子過長的情形，不過寵物倉鼠可能會因為運動不足等原因而過長。很多倉鼠都不喜歡飼主幫牠修剪，因此不妨到動物醫院或寵物店，請熟練的人士來幫牠修剪。

● 牙齒和頰囊的檢查也要交給獸醫師

如果平時就給予有硬度的食物，牙齒就不會長得過長。若發現有牙齒過長而難以進食的情形，就要找獸醫師商量。頰囊內部的檢查也很難自己進行，所以在健康檢查時，不妨也請獸醫師看一下。

這些部分要注意

□ 爪子

爪尖朝向腳的內側彎曲成圓弧形時，就表示太長了。可能會鉤到布等而造成受傷，要注意。

□ 牙齒・頰囊

牙齒過長是造成咬合不正的原因。此外，食物等如果一直黏附在頰囊內，一旦細菌繁殖就可能會引起發炎。

□ 被毛髒污

排泄物等附著在上面、一直處於髒污狀態的話，可能會引起皮膚炎。還有，如果發現脫毛等狀況，請找獸醫師商量。

身體髒污時

不要勉強牠洗澡，只要將污垢擦掉就行了

倉鼠會自己理毛。不過，如果污垢很明顯的話，可以將溫水浸濕的毛巾充分擰乾，輕輕地幫牠擦拭。因為倉鼠不喜歡水氣，最好避免洗澡。如果氣味令人在意，也可以使用寵物用的乾洗粉；但若是倉鼠不喜歡的話，就不要勉強使用。

市面上也有販售不需用水就能清潔身體的乾洗粉。

長毛種的倉鼠，如果可以的話就幫牠梳毛

短毛種基本上不需要梳毛。至於長毛種的倉鼠，如果可以的話就幫牠梳毛。不過，只要輕輕梳理背部的毛即可，腹部和頭部最好避免。一旦倉鼠顯現不喜歡的樣子，就不要勉強。

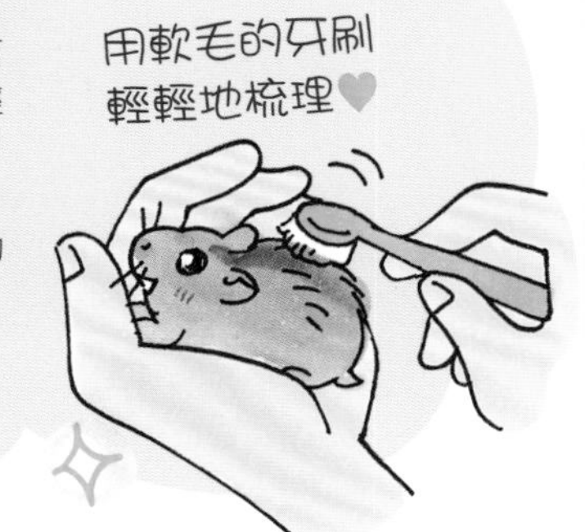

來變漂亮吧！

加卡利亞倉鼠
大多能乘坐在手上。

如何將可愛的倉鼠捧在手上？

「想將倉鼠捧在手上，和牠一起玩」的飼主應該很多吧！每隻倉鼠要和飼主親近所耗費的時間都不一樣，所以請不要焦急，有耐心地挑戰看看吧！

有耐心地嘗試

慢慢讓牠習慣就是成功的重點

倉鼠性格害羞，需要花費時間才能和人類親近。不過只要能慢慢讓牠習慣，就可以讓牠乖巧地乘坐在手上。

● 先讓牠記住氣味

對體型嬌小的倉鼠來說，人類的手突然伸過來，會感到恐懼是理所當然的。請先讓牠了解「人類的手並不可怕」這件事吧！剛開始先用牠愛吃的東西，等到牠能夠接受你手上拿的食物，就會明白「這並不是敵人的氣味」。

● 習慣之後，試著不用食物來挑戰

當倉鼠能夠吃你手上拿的食物，就表示對人類的手已經沒有警戒心，漸漸地就會自己靠過來。到這個程度，就快要成功了。接下來，就算不使用食物，應該也能自己乘坐到人手上才對。

和倉鼠玩耍後，

要充分洗手

接觸倉鼠後，要用有殺菌效果的洗手皂等，確實清洗雙手。因為細菌可能會附著在手上，而且有些倉鼠的疾病也會傳染給人類，還是必須注意才行。

讓倉鼠乘坐到手上的步驟

夜行性的倉鼠會從傍晚開始活動。

要讓牠乘坐在手上的練習，最好也在牠們清醒的傍晚到夜裡進行。

1 用手拿食物給牠，讓牠記住氣味

先用手拿食物給牠，讓倉鼠記住你的氣味。坎培爾倉鼠和羅伯羅夫斯基倉鼠要花費較多的時間才會吃飼主用手拿給牠的食物，請有耐心地試試看吧！

2 等倉鼠到手上後，先不要動，讓牠安心

等倉鼠願意吃你手上拿的食物後，就可以將手悄悄伸進籠子裡看看。如果倉鼠主動靠過來爬到手上的話，就算成功了。牠乘坐上來後，先不要動，讓牠安心。

3 用手掌包覆，習慣之後就可以有各種不同的拿法

等倉鼠習慣之後，就試著用兩手捧起般地拿著倉鼠。剛開始倉鼠可能會覺得害怕，不過只要習慣了，就會願意乖巧地坐在上面。手突然出現動作或是抓牠的背部，會讓倉鼠掙扎或咬人，須注意。

也有不願意乘坐在手上的倉鼠，不要勉強

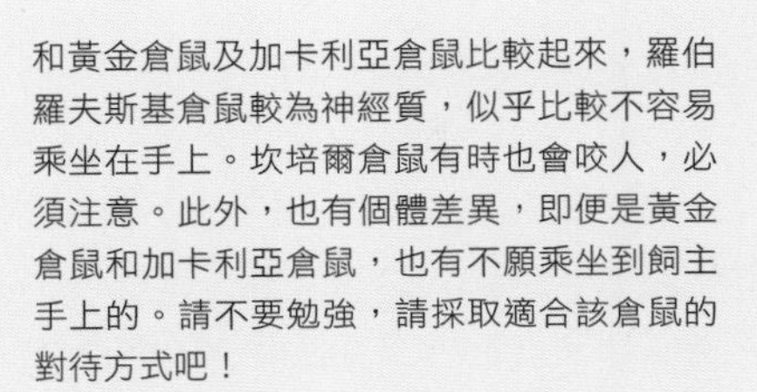

和黃金倉鼠及加卡利亞倉鼠比較起來，羅伯羅夫斯基倉鼠較為神經質，似乎比較不容易乘坐在手上。坎培爾倉鼠有時也會咬人，必須注意。此外，也有個體差異，即便是黃金倉鼠和加卡利亞倉鼠，也有不願乘坐到飼主手上的。請不要勉強，請採取適合該倉鼠的對待方式吧！

想辦法讓牠遊戲，以免運動不足

寵物倉鼠很容易運動不足。如果能將倉鼠喜歡的玩具等放進籠子裡，增加身體活動的機會，也能為牠紓解精神壓力。

運動不足是肥胖的原因，請注意。

進行安全的遊戲

給予玩具時，要充分確認安全性

適度的運動是倉鼠健康上不可欠缺的。野生的倉鼠，經常在一天中來回走動數十公里。如果在狹窄的籠子裡一直都不動的話，很快就會因為運動不足而變得肥胖。

大多數的倉鼠都喜歡滾輪

要消除運動不足的問題，最推薦的就是滾輪。不過對高齡倉鼠或是倉鼠寶寶、懷孕中的雌倉鼠就不加建議了。

刺激本能的遊戲都是愉快的

除了滾輪之外，可以鑽入狹窄處的隧道或是砂浴、啃咬遊戲的玩具等，都能刺激牠們的本能，有助於消除壓力。將玩具放入籠子裡時，要注意避免空間太過狹窄。最好使用稍微寬敞一點的籠子。

讓牠遊戲時的注意事項

基本上只讓牠在籠子裡遊戲就行了

沒有必要讓倉鼠出來籠子外面運動。因為倉鼠的動作非常迅速，要是牠躲藏在家具的縫隙等地方，找不到就麻煩了。

對玩具也有喜惡，不要勉強

依個體而異，有些倉鼠對玩具有興趣，也有些顯得興趣缺缺，反應各有不同。如果顯得不太感興趣，就把玩具從籠子裡拿出來吧！

在安全上要經常嚴加注意

除了選擇安全製作的玩具之外，倉鼠也可能會被夾在隙縫間等造成受傷，所以在遊戲中也要加以注意。

倉鼠喜歡這樣的遊戲

市面上販售有各種不同的倉鼠玩具。
請選擇能讓倉鼠玩得快樂又安全的玩具吧！

滾輪

滾輪可以滿足倉鼠「想要到處跑」的慾望。有侏儒倉鼠用、黃金倉鼠用等，請選擇適合倉鼠身體大小的製品吧！此外，也建議使用夜間運動也不會讓人注意到聲音的消音型滾輪。

隧道

這是能滿足倉鼠「想要鑽進狹窄處」慾望的玩具。也有可連結數支型的製品，不過有高度的隧道很容易受傷，須注意。連結得過長，內部的清掃就很麻煩，還是取適當的長度吧！

砂浴

野生倉鼠會在砂子上摩擦背部等，除去身體上的髒污。為寵物倉鼠做個砂場，讓牠也可享受砂浴的樂趣。請在小鳥食盆等稍大的陶製容器中放入砂子吧！

挖洞遊戲

倉鼠在野生下會挖掘巢穴來生活，因此挖洞也是牠們本能的行為。只要在籠子中厚厚地鋪上地板材，有些倉鼠就會開始挖掘洞穴。如果使用土製的地板材等，就可以享受更接近自然的挖洞遊戲了。

在圍欄中遊戲

如果想讓牠出來籠子外面，在稍微寬敞的場所中遊戲時，可以使用倉鼠用的圍欄。只要在裡面為牠放入隧道或啃咬玩具等，就很有遊樂園的感覺。不過也有些倉鼠來到寬敞的場所就會顯得不安，所以還是要觀察情況地讓牠遊戲。

倉鼠 小知識

倉鼠滾球會運動到很可憐，還是不要給牠吧！

有一種叫做「倉鼠滾球」的玩具，是內部中空的球，可以讓倉鼠在裡面跑動。因為球會一直旋轉，倉鼠在裡面只好拚命地跑來跑去。雖然可以運動，但也容易形成壓力，實在無法推薦。

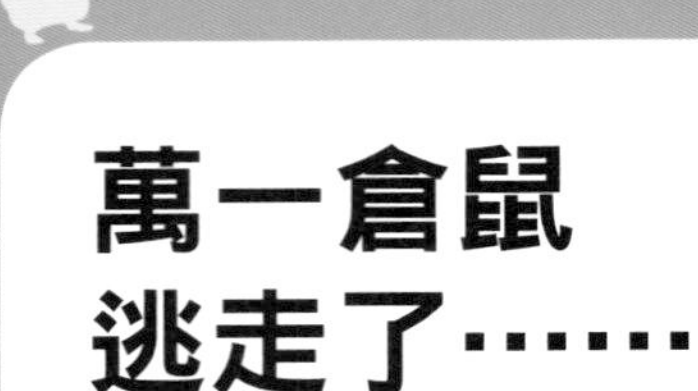

萬一倉鼠逃走了……

倉鼠的運動神經很好，可能會背著飼主，偷偷地就從籠子逃走。先學會倉鼠脫逃時的搜索方法，以防萬一吧！

有時會進入意想不到的地方。

冷靜地行動

在房內搜索牠可能喜歡的地方

身體小又柔軟的倉鼠，可能會從小小的縫隙間脫逃。如果是鐵絲網籠，甚至可能靈活地打開出入口逃走。最重要的是不要讓倉鼠逃出去。

其中也有會建造「別墅」的能手

在脫逃慣犯的倉鼠中，有的甚至會蒐集食物或面紙、紙屑等，在家具後方等處建造漂亮的「別墅」。

外出時請特別注意

飼主不在家時，請特別要關緊籠子的門，以防倉鼠脫逃。如果是鐵絲網籠，可以使用金屬扣環（參照右方內容）讓倉鼠無法打開出入口。如果是水族箱，就要確實關好蓋子，以免脫落。

為了以防萬一，籠子的出入口

要確實上鎖

想要避免倉鼠打開鐵絲網籠的出入口，可以使用金屬扣環鎖好。除了寵物店，家居購物中心等也可購得。附有鍊子的類型（右）可以將一端安裝在籠子上，避免打開後忘記上鎖，可讓人安心。

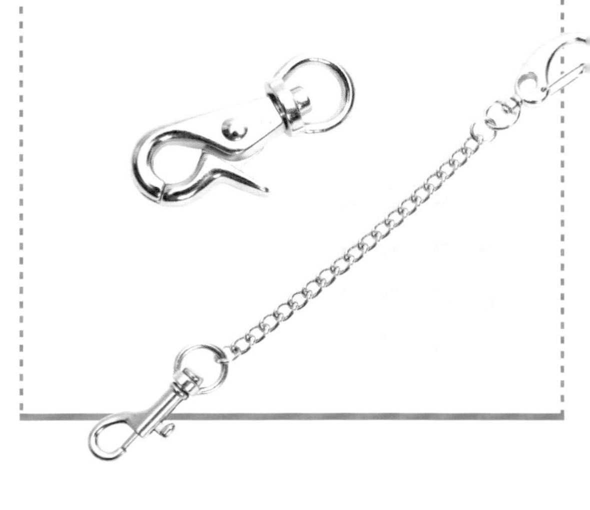

脫逃倉鼠的搜索重點

「外出回來，倉鼠就不見了！」──這時請不要慌張，依照如下的順序找出倉鼠吧！

1 先緊閉門窗

先確實緊閉門窗，以防脫逃中的倉鼠跑到房間外面。還有，牠可能會躲在地毯下面或是窗簾的陰暗處等，要注意不要踩到了。

2 放置食物，引誘牠過來

如果搜尋一遍仍然找不到時，就在房間的中央放置倉鼠喜歡的食物，靜靜地觀察一段時間。肚子餓了，倉鼠就會出來找東西吃。

遲遲找不到時，請豎起耳朵尋找牠的所在處

怎麼找都找不到時，請豎起耳朵仔細聆聽。櫃子的陰暗處、電視後面、沙發下……或許會聽到從某處傳來倉鼠唏唏嗦嗦的動作聲。

小心逃家！

整理好環境，
以免倉鼠的身體狀況變差

留牠獨自在家時，請做好萬全的準備

只要準備好充足的食物和水，是可以讓牠自行看家一個晚上的。但如果要更久的話，就要先找好可以照顧牠的人。

採取最適合的方法

長期讓牠看家時，要讓牠慢慢習慣

當飼主因為旅行或工作等必須離家時，倉鼠就得自己看家。只要多準備些食物和水，讓溫度和濕度保持在一定，時間只有2天1夜左右的話，是可以讓年輕健康的倉鼠自行看家的。

如果必須出門超過3天，最好拜託朋友照顧，或是利用寵物旅館或委託寵物保母。

酷熱的夏天及寒冷的冬天要非常注意

飼主不在家就無法調整溫度。要讓倉鼠自己看家時，請先細心做好準備，使用空調等，以免倉鼠因為寒冷或酷熱而生病。

避免突然的長時間獨自看家

請慢慢地讓牠習慣自己看家。突然長時間讓牠獨自看家，身體狀況可能因為環境的變化而崩壞，必須注意。

讓倉鼠自己看家時的注意點

儘量不要改變環境

要讓倉鼠離家、委託他人照顧時，要預先拜託委託的人將附有氣味的地板材放入籠子中，並且儘量不要改變食物菜單。

委託他人照顧時，要確實告知倉鼠平常的情況

請將平日進食的菜單、行為模式等正確地告知委託對象。若能將照顧重點摘要記下，就更讓人安心了。

預先找好可以安心託付的地方

突然要找出可以託付倉鼠的地方並不容易。不妨事先收集情報，找好候選名單吧！

飼主離家時的照顧方法和各自的 

飼主離家時的照顧方法有許多種，
請選擇對你可愛的倉鼠負擔最小的方法吧！

2天1夜左右的時間，留牠獨自看家也OK

準備稍多的食物和水。乾燥的顆粒飼料多一些，蔬菜等生鮮食物則少一些。此外，要利用空調等確實地控制溫度和濕度，讓牠舒適地度過吧！

交給寵物旅館，數天的旅行也沒關係

和貓狗比起來，可以託付倉鼠的寵物旅館還不多。不妨詢問有託付經驗的人或是家庭獸醫師等，來尋找倉鼠的寵物旅館吧！

委託寵物保母的話，可以在不改變環境的情況下獨自看家

如果委託會到家裡來照顧的寵物保母，就可以不改變環境地留倉鼠獨自看家。只不過這等於是要讓他人進入無人在家的房子裡，所以請好好尋找可以信賴的業者。

如果是了解倉鼠的熟人或朋友，就可以安心託付

最讓人安心的，就是拜託很了解倉鼠的熟人或是朋友照顧的方法。可以請對方來家中照顧，或是將整個籠子交付給對方等，不妨與對方充分討論後再決定吧！

外出時要充分留意溫度

例如來往醫院等，可能會有必須帶倉鼠外出的時候。這時要做好充分的準備，使倉鼠能夠舒適地移動。

外出時請注意
避免身體狀況變差。

充分做好準備
避免讓溫差或環境變化成為壓力

倉鼠對環境的變化很敏感，最好儘量避免外出。不過，偶爾還是會遇到前往動物醫院、飼主回故鄉或搬家等必須移動倉鼠的情況。這個時候，請注意儘量避免讓牠們感受到壓力。

選擇負擔小的移動方法

倉鼠雖然不會因為搭電車或汽車而暈車，不過對外界的聲音和溫度變化卻非常敏感。如果自行開車的話，不僅容易做溫度調節，倉鼠也比較不會感到不安。

確實做好冷熱對策

移動時建議使用提籃。在酷熱的夏天或是寒冷的冬天，可以在提籃上貼附保冷材或暖暖包等，仔細做好溫度調節。

請利用提籃來移動

帶倉鼠外出時，使用提籃是最好的。在裡面放入附有氣味的地板材，就能讓倉鼠安心地度過。此外，也可以放入少量的顆粒飼料或種子，或是少量可以補充水分的多水分蔬菜。玩具等可能會有危險性，還是不要放進去比較好。

也有附飲水瓶和食盆的外出用提籃。

搭車外出時

放入提籃中，擺放在震動較少的地方

利用車子移動時，請選擇放在不會照到直射陽光或是吹到空調的風、震動較少的地方。可以將提籃放置在後座，偶爾觀察一下裡面的情況。如果是飼主以外的人開車，就可以將提籃放在飼主膝蓋上，儘量避免提籃搖晃。

搭乘火車或飛機時

事先確認能否搭乘，辦好必要的手續

搭乘火車或公車時，只要將提籃當作手提行李帶上車，大多不會有問題。不過，請避免在尖峰時段搭乘。至於飛機，最好事先確認可否當作手提行李帶進去，或是必須託付貨艙。有時也必須辦理手續或是另繳費用，最好先詢問各交通機構。

身體狀況不好時請暫停外出

腸胃不好、有眼屎或流鼻水、食慾不佳、整體上顯得無精打采……這時請停止外出。即使是健康的情況，如果有嚴重塞車的情形或是天氣惡劣的話，最好也延期外出。

如果有困擾的事情，
請找獸醫師諮詢。

和倉鼠一起生活的各種Q & A

和倉鼠一起生活時，可能會有各種疑問或不安。在此收集了倉鼠飼主們經常提出的疑問與解答。

Q1

我家的倉鼠很難跟人親近，怎麼辦才好？

　　倉鼠有個體差異，有害羞的倉鼠，也有不怕人的倉鼠。有些倉鼠很難和飼主親近，請慢慢花時間和牠相處吧！

　　在自然界中身為被捕食對象的倉鼠，警戒心強是當然的。先讓牠習慣環境，靜靜地守護牠。等牠適應環境後，慢慢放鬆下來，或許就能和飼主變得親近了。另外，羅伯羅夫斯基倉鼠大多不太與人親近，如果無法親近的話，就以觀賞牠們可愛的姿態為樂吧！

慢慢地和牠接觸，
讓牠明白人類其實並不可怕。

Q2 不管怎麼樣教牠上廁所，牠都學不會。

先在便盆中留下附有尿液味道的砂子。

A 野生的倉鼠在巢穴中，有在離睡鋪最遠的地方排尿的習性。要教倉鼠如廁，要領就是利用這種習性。教導的方法在76～77頁中有介紹，請加以參考。

不過，其中還是有怎麼樣都學不會的倉鼠。因為做不到而斥責牠是沒有效的。如果真的學不會，就讓牠在喜歡的場所如廁，再經常清掃籠子吧！

Q3 有嚴重的啃咬習慣，有沒有比較好的處理方法？

A 啃咬東西是倉鼠的本能，要利用教養來改正是很困難的。不過，啃咬籠子的鐵絲網，或是塑膠製的食盆或玩具等，可能會造成牙齒損傷。對於有啃咬習慣的倉鼠，籠子請改用水族箱，給予無法啃咬的陶製食盆，或是即使啃咬也很安全的木製巢箱或玩具。

此外，市面上也販售有可以咬著玩耍的玩具。也可以使用這些製品，讓倉鼠紓解壓力。

使用藺草做成的啃咬玩具，就算倉鼠吃了也安全。

推薦可以爬上、推倒或是啃咬的木製玩具。

Q4 家裡有小朋友，讓他接觸倉鼠安全嗎？

A 照顧生物，對孩子的情操教育有很大的幫助。只是，對年幼的小朋友來說，倉鼠就像會動的布娃娃一般，難免會有過度碰觸或是想和牠玩的情況。

請周圍的大人先示範正確對待倉鼠的方法。剛開始時請注意避免小朋友獨自一人時去碰觸倉鼠，或是將牠從籠子裡放出來。還有，請教導小朋友，和倉鼠遊戲後一定要用肥皂洗手。

Q5

家裡也有養兔子，可以讓牠和倉鼠和睦相處嗎？

和貓狗比較起來，兔子是攻擊性比較小的動物，與倉鼠之間的適合度並不差。不過，因為身體的大小不同，所以附近有兔子這件事對倉鼠來說，會變成很大的壓力。此外，對兔子而言，和陌生的動物處在相同的空間，也絕對不是件舒服的事。

另外，萬一任何一方帶有病菌，讓牠們接觸時就會互相傳染。還是將兔子和倉鼠的籠子放在不同的房間，儘量不要讓牠們接觸，才是安全的做法。

倉鼠就算沒有遊戲對象
也不會覺得寂寞。

Q6

光吃種子，不吃顆粒飼料……

你是否同時給予種子和顆粒飼料呢？這樣做，牠當然會挑選喜歡的吃。吃過多的種子會帶來肥胖，還是改善牠的飲食習慣吧！

首先，請在倉鼠肚子餓的時候，只給予顆粒飼料。顆粒飼料含有倉鼠必需的均衡營養成分，所以就算只讓牠吃這個也足夠了，種子類則可當作點心給予。請試著改變牠的飲食習慣吧！

Q7

想要讓倉鼠到戶外玩……

讓倉鼠到戶外玩，或是帶牠出去散步，這些都是沒有必要的，而且相當危險，還是避免這樣做吧！寵物店雖然也有販賣倉鼠用的項圈或牽繩，不過當倉鼠為了要掙脫而掙扎亂動時，是非常危險的，請不要貿然使用。

不過，飼主想讓倉鼠在接近自然的狀態下遊戲的心情也不是不能理解。可以在水族箱中放入小動物飼養用的土，讓牠自由地挖掘等等，像這樣為牠製造可以安全遊戲的環境，也是一個方法。

Q8

夜晚總是活力充沛地吵鬧著，聲音讓人介意。

A

夜行性的倉鼠到了夜間就會變得活潑起來，這也是沒有辦法的事。如果是鳥類等的情況，只要蓋上布後，四周變得陰暗就會安靜下來，不過這樣做對倉鼠是沒有效的。

如果在意滾輪的聲音，市面上也有販售消音型的製品，可以試著更換看看。

Q9

倉鼠需要做日光浴嗎？

A

日光浴對倉鼠來說並不太需要。不過，完全沒有曬到陽光對身體並不好，所以請避開盛夏或嚴冬，在日照穩定的時期，透過蕾絲窗簾等，讓牠做做短時間的日光浴。

倉鼠如果曝曬在直射陽光下，可能會引起中暑，要注意。

做好萬全的隙縫對策！

野生倉鼠
是這樣冬眠的

在自然界中生活的倉鼠，會藉由冬眠來等待春天的降臨。
雖然不需要讓寵物倉鼠冬眠，
但還是來了解一下這個機制吧！

在地下巢穴
儲存食物做準備

野生的黃金倉鼠到了冬天是在氣溫低於零下20～30℃的嚴苛環境下生活的。因此，一接近冬天，牠們就會在巢穴中儲存食物，準備冬眠；然後當冬眠開始，牠們就會用枯草等將入口附近堵住，就這樣度過嚴寒的冬天。等到春天來臨，便出來到地面上活動。

冬眠的方法有幾種型態，而倉鼠的冬眠方式和花栗鼠相似，在冬眠中偶爾會起來，吃吃東西或是排泄。

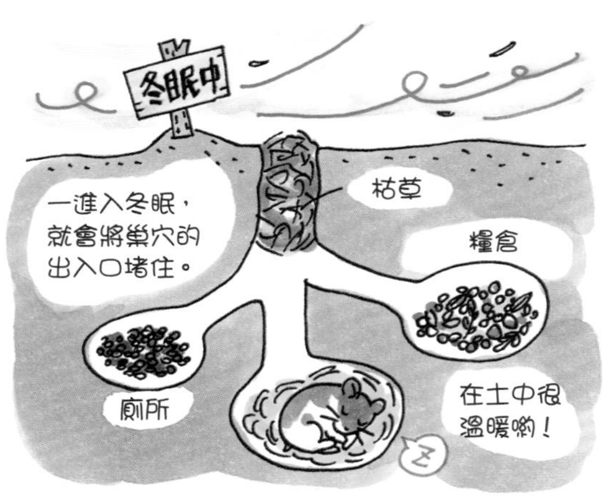

進行冬眠時，巢穴內部也會更改成便於冬眠的設計，並用土或枯草堵住入口。

在冬眠中也會吃東西。不可思議的是，這時並不是完全清醒的。

進行冬眠會長壽?!

有資料認為，冬眠的動物比不冬眠的動物長壽。有些種類的倉鼠因為遺傳的關係而無法進行冬眠，而據說進行冬眠的個體會比無法冬眠的個體平均約長壽1.5倍。在冬眠中不會受到外敵攻擊，也可以保存體力，甚至還有冬眠中可以提高免疫力的說法。不過，做為寵物的倉鼠並不是處於能夠安全冬眠的環境之下，因此反而伴隨著危險。冬天時還是為牠保持溫暖，讓牠舒適地度過吧！

PART 4

倉鼠的
飲食菜單和給予方法

每天的正餐
必須要營養均衡

在倉鼠的健康管理上，攝取營養均衡的飲食是不可欠缺的。請注意每天要在固定的時間適量給予新鮮的食物。

新鮮蔬菜是倉鼠的最愛。

飲食的基本菜單

給予以顆粒飼料為主的均衡飲食

野生倉鼠屬於會吃野草的莖和根、穀類、昆蟲等各種食物的雜食性。對於寵物倉鼠，也應該給予可均衡攝取到各種營養成分的飲食。

以顆粒飼料為主食

飲食請以顆粒飼料為主，少量添加蔬菜或野草、種子類（穀類）、牧草等做為副食。此外，也可以2～3天給予一次含油種子或水果、動物性蛋白質等。

用餐時間最好在傍晚

夜行性的倉鼠會在傍晚時分醒來，開始活潑地活動。飲食請在這個時段進行，一天給予一次。如果有吃剩的食物就處理掉，將食盆洗乾淨後，再放入新的食物。飼主回家的時間如果晚了，在夜裡餵食也沒關係。

■ 希望給予倉鼠的食物

●……每天
●……偶爾

● 顆粒飼料	均衡調配必需的營養成分。可用來做為每天的主食。
● 種子類（穀類） ● 種子類（含油種子）	分為稗子、小米、黍米等穀類，以及葵瓜子、杏仁等含油種子。不過含油種子屬於高脂肪、高熱量，大約2～3天才給予一次即可。
● 蔬菜	推薦青江菜、油菜、青花菜、高麗菜、紅蘿蔔等黃綠色蔬菜。有助於維他命等的補充。
● 水果	推薦蘋果、草莓、香蕉、鳳梨等。因糖分多，須注意過量給予的問題。
● 野草、牧草	新鮮的當季野草或是纖維質豐富的牧草，也是推薦給倉鼠的食物。
● 動物性蛋白質	小魚乾、乳酪、小動物用奶粉等，可以每2～3天少量給予。由於在野生下也會吃蟲，所以麵包蟲或蟋蟀等也是倉鼠喜歡的食物。
● 營養輔助食品	高齡、病弱等，視身體狀況，有必要才給予。

一天給予的菜單例

倉鼠一天的食物量，大約為體重的5～10%。

過量給予是造成肥胖的原因，所以請儘量給予一定的量吧！

黃金倉鼠的情況

◆ **顆粒飼料——10～15g**

＋

再添加蔬菜、種子類（穀類）、動物性蛋白質等。

【例】油菜少許、小鳥飼料少許、小魚乾1～2條等。

侏儒倉鼠的情況

◆ **顆粒飼料——3～4g**

＋

再添加蔬菜、種子類（穀類）、動物性蛋白質等。

【例】紅蘿蔔少許、小鳥飼料少許、麵包蟲少許等。

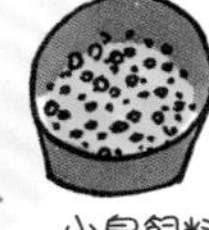

準備充足的水，讓牠任何時候都能飲用

給予食物時，請每天換水一次。尤其是以顆粒飼料為主食時，喉嚨會乾渴，請在飲水瓶中裝入充足的新鮮水。也有些倉鼠不太喝水，不過只要有藉由蔬菜等攝取水分，就不需擔心。

主食 倉鼠的完全營養食 顆粒飼料

視年齡和身體狀況來選擇

檢視成分表，選擇最佳種類

顆粒飼料有各種不同的種類。選擇時的重點，就在於營養成分是否完全滿足必需條件。請看成分表來做確認。右頁中介紹的4種顆粒飼料，營養都非常均衡，非常推薦。

儘量以堅硬的種類為佳

顆粒飼料有顆粒狀、扁平狀等各種不同的形狀。此外，硬度上也有像餅乾一樣的柔軟型或是堅硬型等，種類很豐富。柔軟的種類可能會讓倉鼠沒有確實咀嚼就吃下去，最好還是給予有些硬度的食物。

購買時不要囤積

即使是黃金倉鼠，一天也只需十幾公克的顆粒飼料就足夠了，大袋購買的話，很久都用不完。請儘量少量地購買，趁新鮮時使用完畢。

■ 倉鼠的必需營養大致標準

粗蛋白質	18%
粗脂肪	5%
粗纖維	5%
粗灰質	7%

（實驗動物用／小型鼠、大型鼠長期飼養用資料）

避免混合飼料

會挑選喜歡的吃，所以先只給顆粒飼料

在市售的倉鼠飼料中，也有將葵瓜子等種子類混合而成的「混合飼料」。如果給予混合飼料，可能會發生倉鼠只挑喜歡的種子類吃，而不吃顆粒飼料的情形，最好避免。

還有，餵食時請先給予顆粒飼料，等牠好好地吃完一定的量後，再給予種子類或蔬菜。

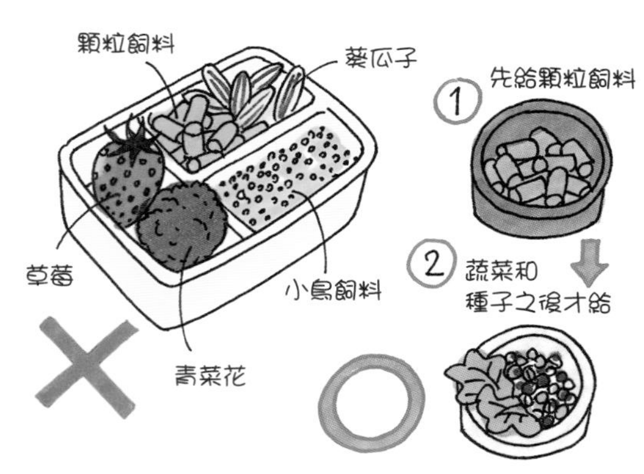

HAMSTER SELECTION

含有巴西蘑菇、核苷酸、野草。小顆粒型，侏儒倉鼠也容易食用。

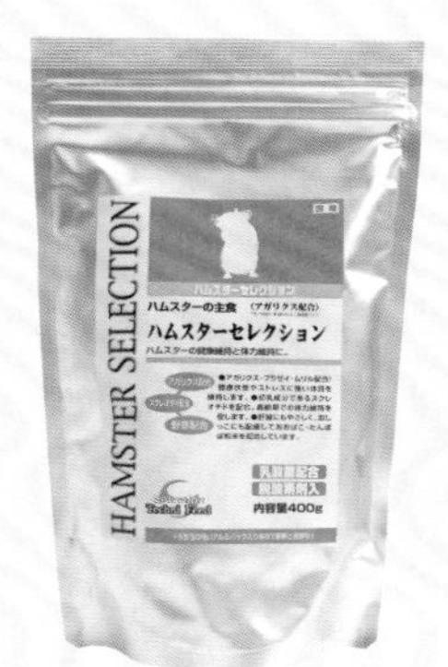

HEALTHY HANDFULS

脂肪成分少，高纖維質。推薦給肥胖或有下痢傾向的成鼠。

HAMSTERFOOD HEALTHY PREMIUM

富含酵母、DHA、薑黃、各種維生素、礦物質等，營養滿分。

HAMSTERFOOD HEALTHY PREMIUM HARD

含有硅藻、乳酸菌、啤酒酵母等。熱量低，有助於預防肥胖。

顆粒飼料請確實
密封保存

開封後的顆粒飼料請裝入蓋子可緊閉密封的瓶子或塑膠容器中，以免濕氣或灰塵進入。尤其是濕氣較重的梅雨時期，請注意避免顆粒飼料發霉。也可以在容器中放入乾燥劑。

※商品的包裝設計可能會有變更。

嗜口性高，須注意給予方法 種子類

穀類……稗子、小米、黍米、金絲雀草籽、小麥等

營養均衡

顆粒小，侏儒倉鼠也容易食用

種子類大致分為2種：稗子、小米、黍米等穀類，以及葵瓜子和杏仁等含油種子。含油種子的脂肪成分比穀類多，最好僅限於偶爾當作零食的程度。

平常建議給予穀類

穀類中富含礦物質等營養成分，顆粒也小，就連侏儒倉鼠也容易食用，最適合做為簡便的營養補充。調配有稗子或小米的小鳥飼料，或是燕麥、小麥、蕎麥、玉米等，都很值得推薦。

過度食用會造成熱量過多

穀類雖然是低脂肪，不過碳水化合物的含有率較高，大量食用就會攝取到過多的熱量。請決定好一次給予的量，適量地給予吧！

小鳥的飼料（稗子、小米等）

以稗子、小米、黍米等為主要原料。顆粒小，也推薦給身體小的侏儒倉鼠食用。

玉米

顆粒狀的乾糧，做為零食也很方便。具有硬度，有助於維持牙齒的健康。

蕎麥

含有多量的鈣。低蛋白質且熱量不高，是很健康的食物。

小麥

除了糖分之外，也含有維生素、礦物質。也可以和其他的穀類混合。

有殼燕麥

和其他的穀類相比，因為殼的部分比較多，可充分攝取到纖維質。

含油種子……油菜籽、荏胡麻、苧麻籽、葵瓜子、核桃等

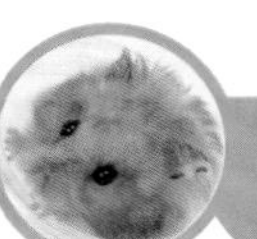

嚴禁過量給予 2～3天一次，少量給予做為零食

葵瓜子和核桃、杏仁等含油種子是倉鼠最喜歡的食物。帶殼的種子食用時會用到牙齒，對於預防牙齒過長和消除壓力都有效果。不過因為是高脂肪・高熱量的食物，所以讓牠吃太多會造成肥胖。最好2～3天才給予一次。

活用在非正餐的零食上

有不少倉鼠在給予嗜口性高的含油種子後，就不吃作為主食的顆粒飼料或穀類了。含油種子不妨拿來做為和倉鼠交流互動的零食使用。

懷孕中或寒冷時期可稍微多給一些

比平常需要更多熱量的懷孕中的雌倉鼠，可以給予較多的含油種子。此外，寒冷的冬天為了維持體溫和體力，也可以多給一點。

帶殼南瓜子

因為帶殼，不仔細咬開就吃不到，對於預防牙齒過長等也有效果。

葵瓜子

油分多，注意不可過量食用。礦物質、維生素E、B_1、B_6等的含量很豐富。

杏仁

富含維生素和多酚類、鐵質、鈣質、食物纖維等，營養滿分。

開心果

含有多量的鉀、維生素B_6等。因為有殼，倉鼠可以享受啃咬的樂趣。

最適合用來補充鈣質

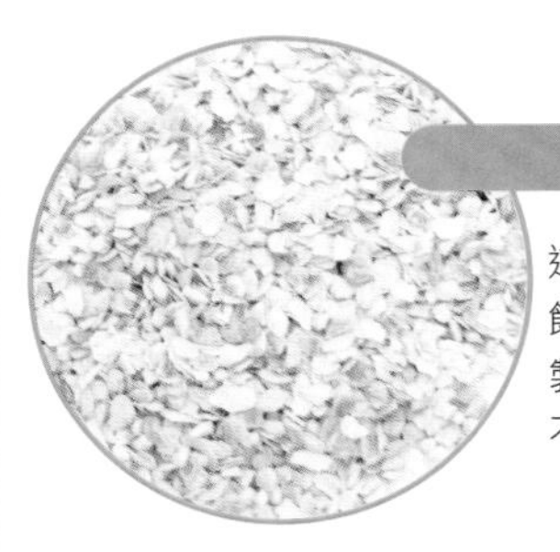

牡蠣粉

這是大家所知的小鳥飼料，由牡蠣殼研碎製成，有豐富的鈣質，不妨偶爾給予。

※商品的包裝設計可能會有變更。

添加在飲食中以補充維生素 蔬菜（油菜、青江菜等）

推薦黃綠色蔬菜

充分洗淨，
完全去除水氣後給予

可以攝取到維生素和纖維質，請每天少量給予。不妨以紅蘿蔔、青江菜、油菜、南瓜等黃綠色蔬菜為主，給予各種不同種類的蔬菜。甘藷、高麗菜、玉米等也是倉鼠喜歡的蔬菜。

● 切成容易食用的大小再給予

給予蔬菜時，要充分洗淨，拭去水氣，切成容易食用的大小後再給予。

● 水分多的蔬菜要有節制

番茄、小黃瓜、萵苣等的水分較多，大量食用可能會造成下痢。給予時請節制分量。

給倉鼠的
推薦蔬菜

青江菜
維生素A和C的含量豐富。清脆的口感也是倉鼠喜歡的。

油菜
含有多量的維生素C和胡蘿蔔素，鈣的含量也多，營養滿分。

紅蘿蔔
有適度的甜味，大多數的倉鼠都喜歡吃。富含胡蘿蔔素。

做為零食或獎勵品給予 水果（蘋果、草莓等）

水果的給予方法

糖分多，
給予時要有節制

蘋果、草莓、葡萄、香蕉、鳳梨、香瓜等水果，都是倉鼠最愛吃的食物。不過因為糖分多，請注意避免一次給予太多。和蔬菜一樣，要充分洗淨後拭去水氣，切成小塊後給予。不要做為正餐，建議做為零食給予。因為嗜口性高，所以用在讓倉鼠乘坐到手上的教養等方面，成效頗佳。

蘋果和草莓都是倉鼠喜歡的食物。
切成小塊後再給予。

最好不要給予倉鼠的**蔬菜、水果**

- **馬鈴薯的芽和皮、生豆、蔥、洋蔥、韭菜等**
  含有會引起嘔吐、下痢、呼吸困難、貧血等的中毒成分，要注意不可給予。
- **酪梨**
  所含的皂苷具有引起肝臟障礙、痙攣、呼吸困難、肺水腫等的危險。

副食

選擇新鮮的給予 野草・牧草

野草的選擇方法

有毒的野草也不少，須注意

野草或牧草等也是對倉鼠健康有益的食物，一定要加入飲食中。

建議的野草有蒲公英、繁縷、車前草、紫雲英、薺菜、苜蓿草等。有些野草具有毒性，採摘前最好先利用植物圖鑑等進行確認。請採摘沒有農藥或是被貓狗的排泄物、汽車廢氣等污染的野草，充分洗淨後再給予。

至於牧草，如果不用牙齒充分咀嚼就無法食用，可以期待預防牙齒過長的效果。倉鼠喜歡紫花苜蓿，可以混合高纖維的梯牧草來給予。

給倉鼠的
推薦野草

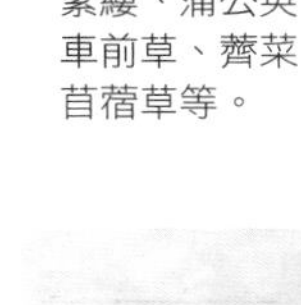

繁縷、蒲公英、車前草、薺菜、苜蓿草等。

市面販售的乾燥型也很方便

紫雲英

附近沒有野草生長的地方時，使用乾燥型的商品也很方便。

副食

成長期和懷孕時所需的 動物性蛋白質

蛋白質的選擇方法

奶粉和小魚乾等也有寵物專用的

野生的倉鼠會吃昆蟲等來補充動物性蛋白質。而對於寵物倉鼠，只要少量就可以了，最好也2～3天給予一次動物性蛋白質。除了水煮蛋的蛋白和低鹽乳酪、優格之外，也很建議攝取右方介紹的寵物食品。

尤其是成長期的倉鼠，以及懷孕中、育兒中的雌倉鼠，不妨多多給予。

寵物用奶粉

倉鼠無法分解牛乳中含有的乳糖，所以建議使用寵物用奶粉。

小魚乾

寵物用小魚乾的鹽分比較少，不會對倉鼠的身體產生危害。

麵包蟲

擬步行蟲科的甲蟲幼蟲。經過高溫殺菌，可長期保存。

※商品的包裝設計可能會有變更。

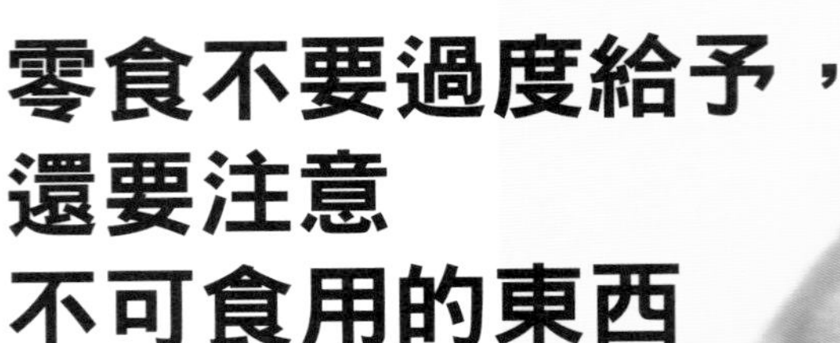

每天讓牠吃對身體有益的東西吧！

零食不要過度給予，還要注意不可食用的東西

看到可愛的倉鼠，真的會很想餵牠吃零食。不過，基本上零食是不需要的。還有，給牠吃人類的食物，對身體也不好。

飲食是健康的關鍵
飲食過度和不適當的食物會招致疾病

近年來，肥胖傾向的倉鼠有增加的趨勢。在預防肥胖上，適當的飲食習慣是不可欠缺的。請遵守規律的飲食習慣，讓倉鼠隨時都能健健康康的吧！

倉鼠經常會隱藏食物，要注意

倉鼠有在頰囊中儲存食物，運送到巢穴藏起來的習性。因此，寵物倉鼠也經常會將食盆裡的食物儲藏在自己的巢箱中。為了掌握食量，巢箱中偶爾也要檢查一下。

白天吃東西是造成肥胖的原因

白天餵食，吃完就睡的倉鼠很容易肥胖。餵食請在從傍晚到夜間、倉鼠活動的時段中進行。

給予零食時的注意事項

可少量給予，做為感情交流的手段

只要有好好吃正餐，基本上是不需要零食的。不過，例如要將牠捧在手上等想加深彼此之間的感情交流時，零食是有幫助的。請少量給予，注意避免妨礙到正餐。

吃顆粒飼料前不要給予

請先以顆粒飼料為主來餵食，之後再給予少量的零食。如果養成零食吃到飽的習慣，倉鼠就會不吃飼料了。

不要給有點肥胖的倉鼠

肥胖是萬病的根源。對於肥胖的倉鼠，只給予適量的飲食即可，不要給牠零食。

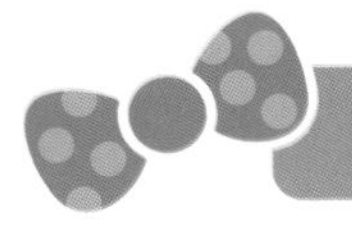

不要給牠這些食物

有中毒之類的危險

絕對不能給牠吃有害的食物

有些食物和植物，只要倉鼠一吃下去就會引起中毒症狀。而在人類的食物中，也有許多危險的東西。倉鼠的動作敏捷，只要飼主稍微不注意，可能就會將有毒的東西吃下肚。請注意在放置倉鼠籠子的房間裡，不要擺放有危險的東西。

體型嬌小的倉鼠，只要吃到從人類來看僅是微量的有毒食物，就會發生危險。萬一懷疑牠可能吃到時，請觀察情況，如果不對勁的話，就立刻帶往動物醫院。

人類的糕點

油炸零嘴或巧克力、餅乾等糕點，因為高熱量且鹽分糖分多，所以不能給予。尤其是巧克力，其中含有咖啡因系的物質，可能會引起中毒，絕對不可以給予。

牛奶

倉鼠長大後就無法分解乳糖，所以給予牛奶的話，可能會引起下痢。如果要給予，請讓牠喝寵物奶粉。

蔥類

洋蔥和青蔥中含有破壞紅血球的成分，是造成貧血和腎衰竭的原因。

栗子

栗子的發芽部分含有單寧，會危害到肝臟和腎臟，請不要給予。

倉鼠 小知識 來認識有引起中毒危險的植物

有些植物會造成倉鼠中毒。而放置在房間裡的觀葉植物中，也有一些是危險的東西，請特別注意。

蔬菜、水果等

- 蘋果的種子
- 桃樹皮和葉子
- 馬鈴薯的葉和芽
- 蕨菜
- 番茄的葉子和莖

觀葉植物

- 鬱金香
- 仙客來
- 羊齒植物
- 丁香花
- 風信子
- 菖蒲
- 牽牛花
- 馬醉木
- 彩葉芋
- 黛粉葉
- 繡球花
- 鈴蘭
- 水仙
- 皐月杜鵑
- 聖誕玫瑰
- 鳶尾花
- 聖誕紅
- 酸漿
- 杜鵑
- 紫茉莉
- 菖蒲

……等等

覺得牠好像有點肥胖時，就妥善地進行減肥

生活在籠裡的寵物倉鼠，真的很容易肥胖。想要讓牠健康長壽，有時就得進行減肥。

喜歡的食物吃太多會成為肥胖的原因，要注意。

做好體重管理

過度肥胖會引起身體狀況不佳

如果能從平日就給予營養均衡的食物，為牠整理能夠適度運動的環境，就可以預防肥胖。不過，當你覺得牠有點肥胖時，請重新檢視食物和生活環境，如果有必要，就讓牠減肥吧！

● 檢查這些部位

最近肚子圓圓地突出來、手腳的根部變得鬆弛，而且由上往下看，身體顯得圓滾滾的……如果發現這樣的變化，就有可能是過度肥胖了。但是請不要自行判斷，還是先詢問一下獸醫師吧！

● 肥胖容易罹患生活習慣病，須注意

肥胖的倉鼠容易罹患皮膚病、肝臟病、心臟病、糖尿病等。和人類一樣，罹患生活習慣病的風險會變高。如果是雌倉鼠，可能會無法生產。

■ 倉鼠的體重標準

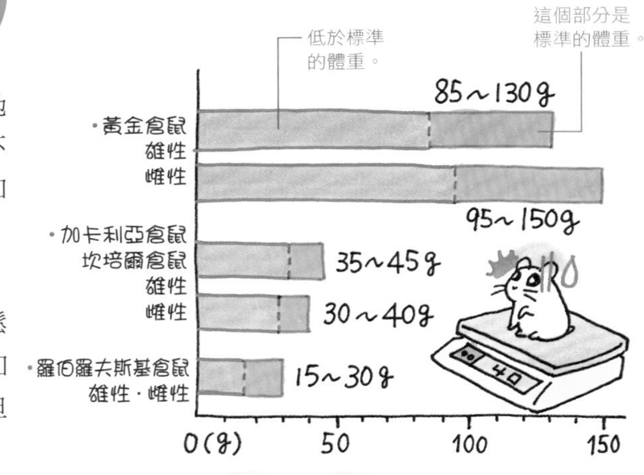

倉鼠是否肥胖，無法僅憑體重判斷。請把標準體重當作是一個基準，是否需要減肥還是要詢問獸醫師。

減肥的要領

1 每天量體重

決定好在餐前或餐後的固定時間做測量。只要用電子秤，就能正確測量（參照55頁）。直接放在秤上並不安全，最好先將倉鼠放入塑膠盒等的容器中，測出重量後再減掉容器的重量。

2 食物要以顆粒飼料和蔬菜為主

葵瓜子等含油種子是高脂肪・高熱量的食物，而水果的糖分多，出人意料的也是高熱量食物。請減少這樣的食物，給予以顆粒飼料和蔬菜為主的健康飲食。市面上也售有減肥用的顆粒飼料。

3 以1個月為目標，不可過度

因為有點肥胖，就突然減少飲食量的話，會造成倉鼠衰弱。請以1個月為目標，讓倉鼠慢慢地、不勉強地瘦下來吧！此外，身體狀況如果有變化，就要立刻中斷。

4 儘量讓牠運動

可以放入滾輪等玩具，增加倉鼠運動的機會。也可以移到寬敞的籠子裡，以增加牠的運動量。如果倉鼠不討厭的話，也建議設置倉鼠用的圍欄，讓牠在裡面玩。

減肥要從小開始!?

倉鼠的毛色由基因決定

為什麼會生出和父母親不同毛色的孩子？

黃金倉鼠和坎培爾倉鼠有各種不同的毛色。不過這些並不是牠們原有的毛色，而是經由反覆交配，混合基因所誕生的。遺傳真是不可思議的東西，例如擁有E顯性基因和e隱性基因的倉鼠，讓EE和ee互相交配的話，孩子全部都會是Ee。然後讓Ee彼此交配，就會出現EE25%、Ee50%、ee25%的機率。因此，孫代就會出現和祖父母相似的毛色。

■基因的混合方法和毛色的構造

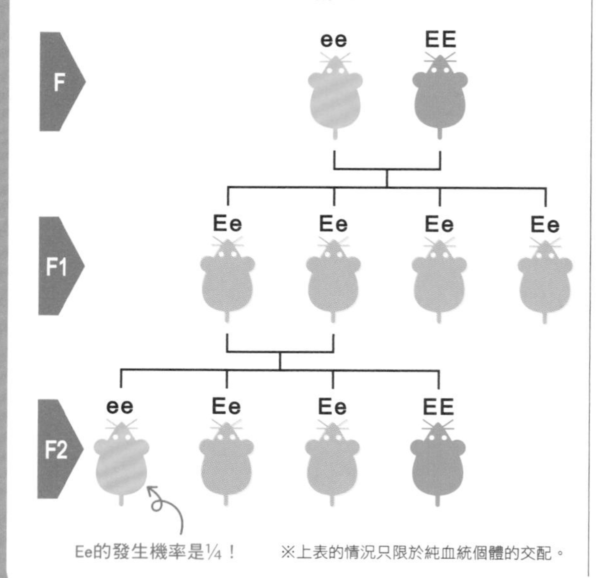

※上表的情況只限於純血統個體的交配。

要注意「隱性致死基因」的交配

倉鼠中有繼承「隱性致死基因」的類型。像是加卡利亞倉鼠的布丁鼠和銀狐鼠、白腹三線，以及坎培爾倉鼠的斑塊型等等都是。如果讓這類型的倉鼠交配，就可能生出先天性重度障礙的倉鼠，或是死產。即使正常出生長大，也可能不孕。

即使是相同種類，也要儘量避免讓擁有隱性致死基因的倉鼠們互相交配。

加卡利亞倉鼠的布丁鼠×布丁鼠

為半隱性致死遺傳，詳細情況不明，但是可能會生出不孕的個體。

加卡利亞倉鼠的銀狐鼠×銀狐鼠

為半隱性致死遺傳，一般認為某程度的數量可能會在胎內死亡。也可能會生出沒有繁殖能力的個體。

PART 5

倉鼠的疾病預防和長壽的秘訣

養成每天健康檢查的習慣

倉鼠會想隱瞞身體的不適。請每天勤於檢查健康狀態，只要有一點異常，就要請教獸醫師。

最重要的是，只要有一點異常就要立刻察覺。

每天的健康檢查

建議在傍晚～夜間的活動時段進行

倉鼠是夜行性的，所以傍晚～夜間會開始活潑地活動。每天固定時間，觀察倉鼠的情況吧！

倉鼠的疾病很難發現

倉鼠不太會表現出不舒服的樣子，因此發現疾病時通常都太晚了。倉鼠在自然界中被許多天敵所包圍，只要一表現出脆弱的模樣，立刻就會受到攻擊，因此當身體狀況變差時，牠就會隱藏在巢穴裡。即使成為了寵物，這樣的習性依舊沒有改變。

藉由每天的照顧來預防疾病

除了健康檢查，每天的照顧也是預防疾病上不可欠缺的。要守護倉鼠的健康，清潔的飼養環境、均衡的飲食和適度的運動就是3個重點。

健康檢查的要領

活用塑膠箱會比較安全

被人硬是抓來亂摸身體，對倉鼠來說是一種壓力。不習慣被人碰觸的倉鼠，做健康檢查時最好放進如照片中的小塑膠箱裡，從外面觀察牠的樣子。

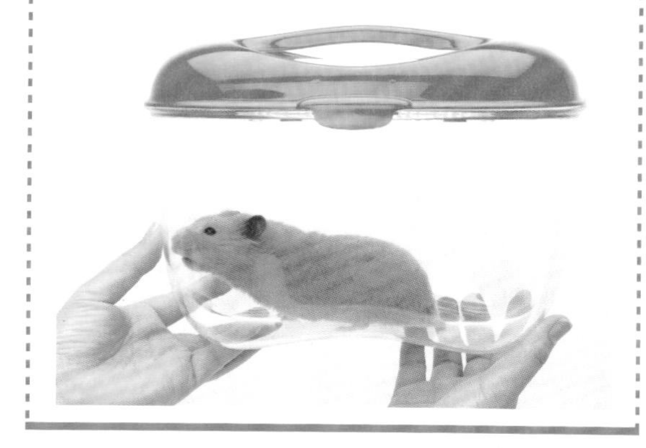

健康檢查的重點

進行健康檢查時，除了外觀上的變化，可以的話，也要觸摸牠的身體，確定有沒有硬塊等。
也要觀察食慾和動作的變化，以及尿液糞便的狀態。

1 被毛有光澤嗎？

身體狀況變差時，被毛也會失去光澤。也檢查一下有沒有掉毛或是髒污的情形。

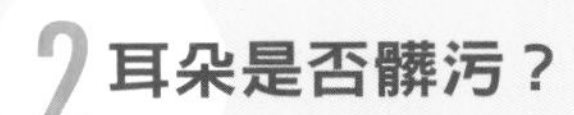

2 耳朵是否髒污？

耳朵流膿或出現臭味、耳朵呈垂倒狀態時，就有可能是生病了。

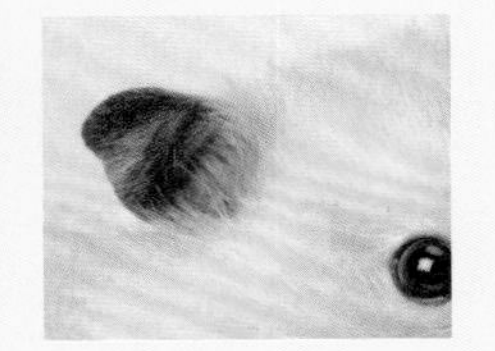

3 有沒有流鼻水？

檢查有沒有流鼻水？鼻子周圍是否髒污？還有當鼻子好像塞住般地呼吸時，也有可能是罹患了肺炎等疾病。

4 眼睛有光輝嗎？

檢查眼睛是否腫脹、混濁、眼屎是否變多？當身體狀況不佳時，眼睛往往也會黯淡無光。

→健康倉鼠的糞便。

5 尾巴是否潮濕？

尾巴顯得濕濡時，有可能是下痢了。也要檢查一下糞便。

6 爪子或牙齒是否過長？

飼養環境或食物不適當時，爪子和牙齒就會過長。爪子一長，就可能鉤到腳造成受傷。

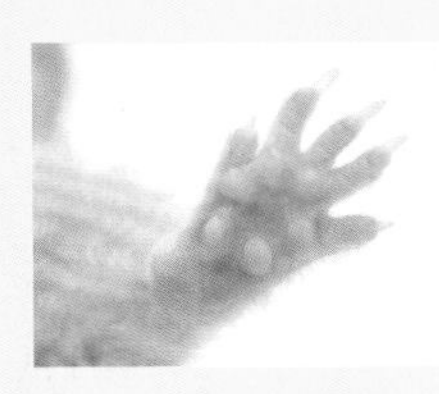

7 身體有沒有硬塊？

硬塊有可能是腫瘤。最好用手觸摸做確認，不過倉鼠若不喜歡就不要勉強，還是請獸醫師檢查吧！

8 食慾和動作有沒有變化？

身體不舒服時，整體動作都會變得遲鈍。此外，如果不吃東西或是一直在睡覺的話，也可能是生病了。

9 體重是否有急遽的變化？

生病時，體重可能會急遽減輕。還有，過胖也是引起疾病的原因，最好每個星期定期測量一次體重，記錄下來。

藉由每天的觀察日記，
守護倉鼠遠離疾病吧！

將健康狀態記錄在觀察日記中

除了健康狀態之外，如果也能將飲食和運動等飼養環境每天記錄下來，日後上醫院時有助於獸醫師的診察。

觀察日記的寫法

先決定好格式，寫起來就很輕鬆

最好可以每天寫倉鼠的觀察日記，不過忙碌的時候，偶爾也會忘記。如果能決定好格式，採取記錄的形式，即使是忙到沒有時間，也能輕鬆填寫。

留下記錄，充分了解身體狀況的變化

有些飼主在倉鼠身體狀況崩壞的時候會說：「之前明明都很健康的，怎麼突然就生病了？」的確，有些情況是急性疾病，不過慢慢顯現症狀的疾病也很多，許多例子都是只要能細心觀察，就能夠儘早得知身體狀況的變化。

一有不對勁，就要立刻送往動物醫院

有很多疾病當症狀明顯出現時，就難以治療了。經常觀察，只要有稍微的異常變化，就要立刻詢問獸醫師。

記錄觀察日記的重點

固定時間，儘量每天記錄

倉鼠從早上到傍晚，大部分的時間都是睡覺度過的。請在倉鼠變得活潑的傍晚～夜裡，在自己方便的時間觀察倉鼠的樣子，儘量每天記錄吧！

附上照片，更容易了解

應該有很多人都會用數位相機拍攝倉鼠可愛的模樣吧！在健康管理上，也可以試著活用數位相機。或許要拍攝細部可能有困難，不過被毛光澤或是體型等外觀上的變化，拍成照片後會更容易了解。

今天　　　的健康檢查

年　　月　　日（　　）

- 溫度……（　　　℃）　濕度……（　　　%）　天氣……（　　　　）
- 給予食物（零食）的種類和分量
- 食欲……　旺盛　　普通　　不太好
- 行動……　活力充沛　乖巧安靜　動來動去，靜不下來
  其他（　　　　　　　　　　　　　　　）
- 運動……
  Ex.）有玩過滾輪了嗎？ 放牠出籠遊戲時的情況等，請加以記錄
- 體重……（　　　g）　體溫……（　　　℃）
- 心情……　良好　　普通　　惡劣
- 糞便的狀態……
  Ex.）下痢、量少、有異常臭味、顏色和平常不同　等等
- 尿液的狀態……
  Ex.）量多、量少、排尿困難　等等
- 眼睛……
- 鼻子……
- 頰囊……
- 四肢和腳趾
- 皮膚和被毛的狀態……
- 耳朵……
- 嘴巴和牙齒……
- 爪子……
- 臀部、尾巴……

※身體各部位，有在意的地方就記下。

- 其他發現的事項……

出現這些症狀就是疾病的徵兆

由倉鼠的症狀可以某種程度地推測牠罹患了什麼樣的疾病。當出現像這樣的症狀時，請立刻帶往醫院。

預先了解容易罹患的疾病，緊急時就能安心。

不要忽略信號

一出現症狀就要找獸醫師諮詢

倉鼠一旦生病，病情大多都會急遽惡化。只要覺得有點不對勁，就請立刻帶往醫院吧！

身體狀況不好，脾氣可能也會變得暴躁

除了下痢、食慾不振等症狀外，當身體狀況不好時，就會變得不喜歡被人摸。脾氣可能會變得暴躁，出現咬人的情形等。

外行人絕對不可自行判斷

就如前面說過的一般，倉鼠具有為了避免遭到捕食而隱藏疾病的習性，所以飼主每天觀察情況，早期發現是很重要的。右頁的症狀和可能的疾病終究只是部分例子而已，因此請不要自行判斷，還是尋求獸醫師的診斷吧！

倉鼠容易罹患的疾病

皮膚的疾病

身體上的毛囊脂蟎或細菌等，可能會成為罹患皮膚病的原因。還有，地板材等也可能會引起過敏，在皮膚上造成發炎，請注意。

結膜炎、白內障等眼睛的疾病

因為環境不衛生所引起的結膜炎，以及因為年齡增長而引起的白內障等，眼睛的問題也很多。要為倉鼠點眼藥是很困難的，所以還是整理好環境，在預防上多加用心吧！

腫瘤

隨著年齡的增長，倉鼠也會變得容易出現腫瘤。治療內容會依良性或惡性而有所不同。最重要的是，要在硬塊還小的時候就早期發現。

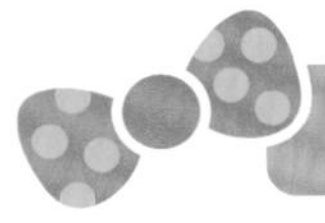

倉鼠的症狀和可能的疾病

檢查部位	症狀	可能的疾病	
牙齒・嘴巴	缺乏食慾、無精打采	→ 咬合不正	126頁
		→ 肝衰竭	135頁
	臉頰腫脹	→ 頰囊炎	126頁
	頰囊從口中脫出	→ 頰囊脫落	126頁
眼睛	眼眶腫脹成粉紅色，眼睛無法睜大 出現眼屎或眼淚，眼瞼上方的毛脫落	→ 結膜炎	127頁
	眼睛稍呈白濁	→ 白內障	127頁
	眼睛周圍有白色粒狀疙瘩	→ 瞼板腺囊腫	127頁
皮膚	被毛逐漸變稀薄（不會癢）	→ 毛囊蠕蟎症	128頁
	禿毛的部分擴大（不會癢）	→ 壓力性掉毛	128頁
	掉毛、搔癢，形成抓傷	→ 過敏性皮膚炎	128頁
	掉毛，出現紅色疹子	→ 細菌性皮膚炎	128頁
身體	有硬塊或疙瘩	→ 腫瘍、膿瘍	129頁
生殖器	雌倉鼠的生殖器流膿	→ 子宮內膜炎	130頁
	雄倉鼠的睪丸肥大，紅腫，失去活力	→ 睪丸炎	130頁
尿液	尿液濃，有臭味	→ 膀胱炎	131頁
	排出淡紅色尿液	→ 膀胱炎、尿道結石	131頁
	尿量少，排尿困難	→ 腎衰竭	131頁
呼吸器官	打噴嚏或流鼻水，呼吸顯得困難	→ 肺炎、肺水腫	132頁
	呼吸顯得困難，體溫變低	→ 心臟衰竭	132頁
糞便	下痢	→ 濕尾症	133頁
		→ 寄生蟲性腸炎	133頁
		→ 腸阻塞	133頁
	腸子從肛門露出	→ 直腸脫出（腸套疊）	133頁
其他	發出怪聲後倒下	→ 類癲癇發作	頁
	脖頸歪斜	→ 斜頸症	134頁
	走路或動作不靈活	→ 骨折、挫傷	134頁
	不吃東西，變得消瘦	→ 肝衰竭	135頁
	彷彿死掉般一動也不動	→ 假冬眠	135頁

牙齒・嘴巴的疾病

倉鼠的門牙一生都會持續生長，所以當飼養環境或是食物不適當時，
就會引起牙齒或嘴巴的問題。其中以咬合不正為最常見的疾病。
當倉鼠沒有食慾或是口部出血時，請立刻帶往醫院。

咬合不正

症狀

無法吃硬質食物，營養失調，變得消瘦。還有，嘴巴無法閉合，可能會流口水。

原因

過度啃咬鐵絲網籠等，造成牙齒歪曲，或是因為老化或牙齦炎而造成咬合異常所引起。也可能是遺傳。

治療和預防

請獸醫師切掉過長的牙齒。症狀嚴重時，必須定期性切除。還有，顆粒飼料要用水泡開後再給予，以方便倉鼠進食。在預防上，有啃咬習慣的倉鼠，請不要使用鐵絲網籠飼養。

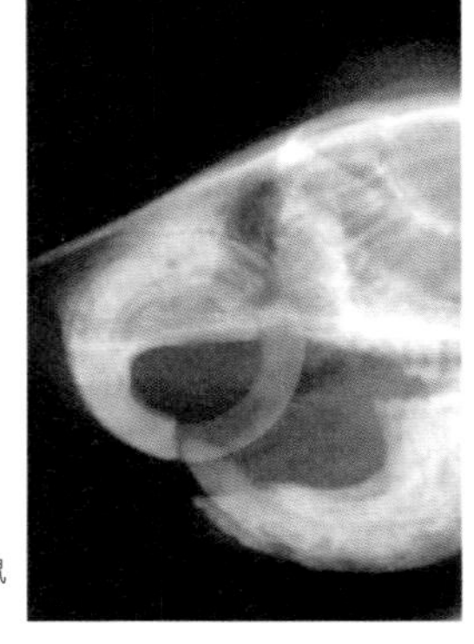

→ 牙齒過長而捲曲的倉鼠X光照片。

頰囊炎

症狀

頰囊腫脹，形成腫瘤，或是流膿。外觀上幾乎看不出來。

原因

頰囊內有許多血管經過，所以非常容易受傷，細菌可能會從傷口進入導致化膿。大多是因為堅硬的食物或尖狀食物傷到頰囊而引起發炎的，請多注意。

治療和預防

使用抗生素，不過若有蓄膿的情況，就要切開讓膿液排出。請不要給予會刺激頰囊的食物。

頰囊脫落

症狀

倉鼠的頰囊通常收在嘴巴裡面，不過有時會露出到外面來。如果會自然回復，就沒有問題；無法回復時，很可能會受傷引起發炎，所以要到醫院請求診療。

原因

一般認為是因為食物黏附在頰囊上，要取出食物時連同頰囊一起掉出所引起的。不過真正原因還不是很清楚。

治療和預防

使用抗生素等治療，不過視症狀也可能需要摘除頰囊，或是進行縫合手術。請不要給予容易黏附在頰囊上的食物。

眼睛的疾病

倉鼠理毛時經常會搓揉眼睛。如果帶入塵垢，或是傷到眼睛的話，就可能形成結膜炎。此外，上了年紀的倉鼠也經常會罹患白內障。

結膜炎

症狀

變得會流眼淚或是分泌眼屎。結膜發炎，變紅。

原因

在理毛等時塵垢進入了眼睛，引起細菌感染，造成發炎。

治療和預防

治療上會投與抗生素眼藥、口服藥等。在預防上，要保持籠內的清潔，預防細菌感染。

白內障

症狀

高齡倉鼠（1歲半～）常見的疾病。眼睛的中央部變得白濁，視力低下，可能會失明。

原因

由遺傳、內臟疾病所引起。糖尿病也是重要的原因。

治療和預防

治療方法只有點眼藥而已。不過倉鼠的嗅覺、聽覺等非常優異，就算出現視覺障礙，生活上也不會有問題。

瞼板腺囊腫

症狀

眼皮或結膜部分出現白色膿瘍。依情況也可能會引起結膜炎。是常見於加卡利亞倉鼠的疾病。

原因

倉鼠的眼皮內側有名為瞼板腺的分泌腺。當此分泌腺的開口部發炎或是堵住時，分泌物就會堆積，形成腫瘤。

治療和預防

使用抗生素眼藥。如果症狀惡化，就要切開，將膿液排出。

皮膚的疾病

皮膚病有掉毛或是起疹子等各種不同的症狀，有的會伴隨搔癢，有的則不會。
有時也可能是不適當的地板材等飼養環境所造成的過敏症狀，
所以還是儘早詢問獸醫師，接受治療吧！

毛囊蠕蟎症

症狀

如果是黃金倉鼠，會從腰部到臀部發生脫毛；如果是侏儒倉鼠，會從頸部到背部出現相同的症狀。

原因

這是由名為毛囊蠕蟎的寄生蟲所引起的。不會寄生在剛出生不久的幼鼠身上，而是藉由和親鼠的接觸來感染。會寄生在皮脂腺等處，因為壓力或是免疫力低下、內臟疾病等而引起發病。

治療和預防

可藉注射或是塗藥來消滅蠕蟎。在預防上，應避免讓牠承受壓力。

壓力性掉毛

症狀

部分性出現掉毛，
不過並沒有發炎，
也不會搔癢。

原因

原因在於飼主隨便變換飼養環境，例如經常改變籠子在家中的放置場所等。

治療和預防

請將籠子放置在安靜安穩的場所，不要經常更換地點，以免給予壓力。此外，要避免弄亂倉鼠的生活節奏，例如夜裡就要讓環境變得黑暗等。

過敏性皮膚炎

症狀

泛紅色的發炎症狀以腹部、胸部、側腹為中心擴展，會演變成掉毛、發癢。

原因

由對特定的地板材或食物等過敏而引起。原因也可能是松樹等針葉樹的木屑。

治療和預防

排除造成過敏的東西。只要將針葉樹木屑更改成闊葉樹木屑，症狀就會大為緩和。使用止癢劑或抗生素來抑制症狀也很重要。

細菌性皮膚炎

症狀

掉毛，或是形成紅疹。由咬傷感染時，一旦惡化可能會引起膿瘍。

原因

由於糞便或尿液附著在地板材等，造成籠子裡面不衛生，或是因為受傷或咬傷等，細菌感染到皮膚所引起。

治療和預防

治療時使用抗生素。請勤於打掃，保持籠子的清潔。

腫瘤（腫瘍、膿瘍）

超過1歲的老年倉鼠，身體上可能會出現硬塊。
如果是惡性腫瘍，經診斷為癌症的話，若不立即治療，可能會攸關性命。
觸摸倉鼠的身體，若發現有異常變化，請立刻帶往動物醫院。

腫瘍

症狀

在皮膚下或是腹部、手腳等出現腫塊，或是緊繃發硬。有可能是惡性的，也可能是良性的。1歲後會變得比較容易發病。

原因

可能是遺傳、飲食（高熱量、高蛋白質）、病毒、化學物質等各種原因所引起的。

治療和預防

進行外科手術去除。如果因為高齡（1歲半以上）而無法手術時，可進行內科治療，以免腫瘍變大。

膿瘍

症狀

身體的一部分形成軟軟的腫塊。

原因

用爪子搔撓或是因為玩具等而受傷時，在皮下蓄膿所形成。

治療和預防

進行外科手術將化膿的膿液取出，投與抗生素治療。重要的是整理環境以免倉鼠受傷。

倉鼠的這些部位很容易形成腫瘍

●特別容易形成的部分
●容易形成的部分

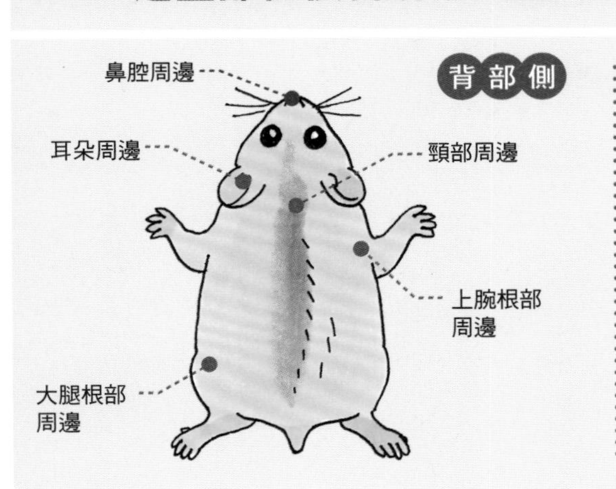

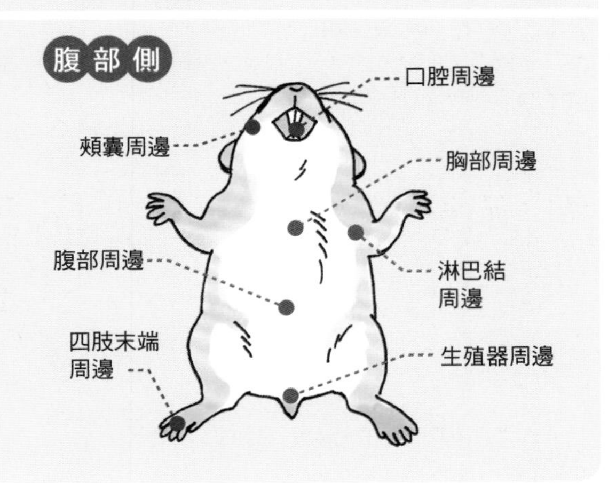

生殖器官的疾病

雌倉鼠可能會罹患子宮內膜炎，雄倉鼠則可能罹患睪丸炎等疾病。
如果發現雌倉鼠的陰部出血，請立刻帶往醫院。加卡利亞倉鼠等比較不容易看出雄倉鼠的睪丸，最好在定期健康檢查時請醫生檢查。

子宮內膜炎

症狀

子宮內膜因為荷爾蒙的影響而腫脹。更進一步地，內膜受到細菌感染或是出血，造成子宮整體腫脹。會出現動作變得緩慢、喝多尿多等症狀。

原因

原因為不適當的飼養環境或是荷爾蒙失調等。

治療和預防

先進行投與抗生素等的內科治療，如果症狀沒有改善，可能必須將子宮整個摘除。

為了預防疾病，請為倉鼠準備清潔、壓力小的飼養環境。

睪丸炎

症狀

雄倉鼠的睪丸變紅、腫大。

原因

睪丸在地板上摩擦而受傷，細菌從該處進入後引起發炎。有時也可能是荷爾蒙失調所引起的。

治療和預防

投與抗生素或消炎藥物。高齡的倉鼠可能會轉變成腫瘍，所以要到醫院接受檢查。在預防上，請注意保持籠內的清潔。

泌尿器官的疾病

排尿變得困難，或是尿量突然增加或減少時，就有可能是膀胱等的疾病。
還有，平日的健康檢查也要確認尿液的顏色，如果顏色泛紅時，
就有可能是罹患膀胱炎了。

膀胱炎

症狀

尿液顏色變成粉紅色或橘色；嚴重時，如廁次數會增加，或是會出現排尿困難。

原因

不均衡的飲食、細菌感染、高齡所引起的腎臟機能障礙、遺傳等各種不同的因素都是引起疾病的原因。

治療和預防

定期接受健康檢查，請獸醫師檢查尿液。如果尿液顏色是和平常不同的奇怪顏色時，請帶往醫院求診。

尿道結石

症狀

尿液中混雜血液，或是排尿出現困難。尿液蓄積，腹部也可能腫脹。

原因

因為結石阻塞尿道而引起。

治療和預防

由於結石的成分為鈣，所以進行減鈣的飲食療法，是最適合的預防方法。鈣系的結石無法用藥劑溶解，所以可能須藉手術來摘除。

腎衰竭

症狀

有急性和慢性的。如果是慢性的，腎臟機能會因為老化而降低，變得多喝多尿。

原因

這是常見於高齡倉鼠的疾病。腎腫瘤或腎結石等也可能是原因之一。

治療和預防

由於倉鼠無法從血管輸入點滴，所以很難進行透析治療。可以採取對皮下進行補液，促進利尿等的治療方法。

倉鼠的內臟的特徵

- 小腸約為體長的3～4倍，比大腸還長。因為是雜食性的，所以盲腸和結腸也是又粗又長，以利於消化各種不同的食物。
- 胃分成前胃和後胃。前胃中有微生物叢共生，能促使食物發酵以幫助消化。

- 左右各有一顆腎臟，水分可以再循環，即使只有少量水分也能存活下去。

呼吸器官・循環器官的疾病

倉鼠和人類一樣會感冒。如果放著不管的話，可能會引起肺炎，
成為嚴重的疾病，要注意才行。此外，上了年紀的倉鼠也很常見心臟病。
還是藉由定期的健康檢查，早期發現、早期治療吧！

肺炎

症狀

變得呼吸困難，出現鼻水或眼屎，發出異常的呼吸聲。
變得精疲力盡，無精打采。

原因

由巴斯德桿菌、鏈球菌等細菌，或是流行性感冒病毒等所造成。當感冒變成沉疴，體力或免疫力降低時，也可能會引起肺炎。

治療和預防

投與抗生素或消炎藥進行治療。在預防上，重要的是籠子的溫度要保持一定，避免給予倉鼠壓力。均衡的飲食、清潔的環境也是預防上不可欠缺的。

肺水腫

症狀

肺部積水，引起呼吸困難。牙齦變白，腹部膨起，失去食慾。是超過1歲的成熟倉鼠容易罹患的疾病。

原因

由於心臟肥大的心肌症等心臟疾病，造成血流在肺部瘀積所引起。

治療和預防

投與利尿劑，減少肺部中的水，然後讓倉鼠吸入氧氣。呼吸一旦變得困難，病情可能會急轉直下，甚至突然死亡，所以一發現異常，就要立刻帶往醫院。

心臟衰竭

症狀

呼吸顯得困難，變成腹式呼吸。食慾和體溫降低，變得不太想活動。

原因

這是會隨著年齡增長而容易罹患的疾病。當心臟機能因為老化而衰退時，如果持續會促使血壓變高的飲食，就會發病。

治療和預防

投與利尿劑、強心劑等，讓症狀穩定下來。最好要限制運動，所以要將滾輪移出籠子，並給予少鹽分、少脂肪、多纖維質的食物。在預防上，最重要的是平日就不要給予高脂肪．高鹽分的飲食。

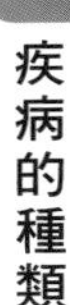

消化器官的疾病

如果倉鼠出現不吃東西、下痢等症狀，就可能是罹患消化器官的疾病。
不過，有些消化器官以外的疾病也可能會出現這些症狀，
所以還是儘早請獸醫師診察吧！

濕尾症

症狀

因為下痢後臀部濕濡，所以被稱為「濕尾症」，也叫做增生性迴腸炎。除了下痢之外，也會出現食慾不振、體重減輕、脫水症狀等。

原因

詳細原因尚不清楚，不過主要是由於曲狀桿菌、大腸菌等的細菌感染。此外，壓力和不適當的飲食等飼養環境也會引起疾病。

治療和預防

在醫院接受糞便檢查和X光檢查，找出原因後再接受治療。主要使用抗生素。如果放著不管的話，可能2～3天就會死亡，須注意。

寄生蟲性腸炎

症狀

下痢，有時會排出像水一樣的糞便。一旦慢性化，倉鼠就會逐漸消瘦，引起脫水症狀。

原因

由梨形鞭毛蟲或毛滴蟲、小型條蟲、蟯蟲等寄生蟲所造成的感染。

治療和預防

使用止瀉劑和寄生蟲驅除劑。小型條蟲等會引起人畜共同傳染病，所以沾到受感染倉鼠糞便的物品，全部都要確實消毒乾淨才行。

腸阻塞

症狀

沒有食慾，便秘，逐漸消瘦。太慢治療可能會導致死亡。

原因

吃到凝固成塊的便砂，或是毛巾、棉質的東西等，無法消化而堵在腸子裡所引起。長毛種的黃金倉鼠，理毛時如果吞下自己的毛，也可能會成為原因。

治療和預防

給予促進消化器官運作的藥物，如果沒有改善，就要進行開腹手術。請不要將會成為原因的東西放在籠子裡。

直腸脫出（腸套疊）

症狀

失去活力，沒有食慾。嚴重時，鮮紅色的直腸會從肛門脫出，稱為「直腸脫出」。此外，空腸和迴腸、結腸重疊的症狀，就稱為「腸套疊」。

原因

由於過度下痢使得腸子翻轉，從肛門脫出而引起。

治療和預防

發現腸子從肛門露出時，請立刻帶往醫院。平日就要做好身體狀況的管理，以免發生便秘或下痢。

神經系統的疾病、受傷

有時倉鼠會發生伴隨痙攣的癲癇發作或是斜頸症等。
神經系統疾病大多攸關性命，所以一旦發生異常，
最好儘快請熟知倉鼠疾病的獸醫師診療。

類癲癇發作

症狀

腦部機能發生暫時性障礙，引起痙攣。出現四肢僵硬等症狀，直接倒下，失去意識。

原因

可能是腦腫瘤、中毒、低血糖、腦部疾病、病毒或寄生蟲感染等各種原因。也有可能是遺傳導致的先天性癲癇發作。

治療和預防

一發作就要立刻送往醫院。如果頻繁發作，可使用抗癲癇藥物來抑制症狀。大多難以治療。

斜頸症

症狀

出現歪斜著脖子，食慾不振或暈眩等症狀。也可能會不斷繞圈子。這是常見於兔子的疾病，也會發生在倉鼠身上。

原因

從高處掉落而受傷，或是因為腦部和前庭（取得平衡的器官）發炎所引起的。此外，也有可能是內耳炎等其他疾病所造成。

治療和預防

一發生異常就要帶往醫院，請醫生用X光診察頭部等。服用抗生素或是抗發炎藥物等，讓症狀穩定下來。平常就要整理好飼養環境，避免倉鼠爬到高處而掉落。

骨折・挫傷

症狀

除了患部腫脹，走路方式變得怪異，所有的活動都發生障礙之外，如果損傷到脊椎，也可能會發生全身或半身麻痺。

原因

從高處掉落、被人踩到、被玩具之類的東西夾到等各種原因。

治療和預防

一發現動作異常，請立刻帶往醫院。如果是輕微的挫傷，就投與消炎藥或止痛藥，讓其靜養。如果是嚴重的骨折，就要進行外科手術，或是視情況進行截肢手術等。也可能需要裹石膏治療。對飼養環境要非常注意，以免造成倉鼠受傷。

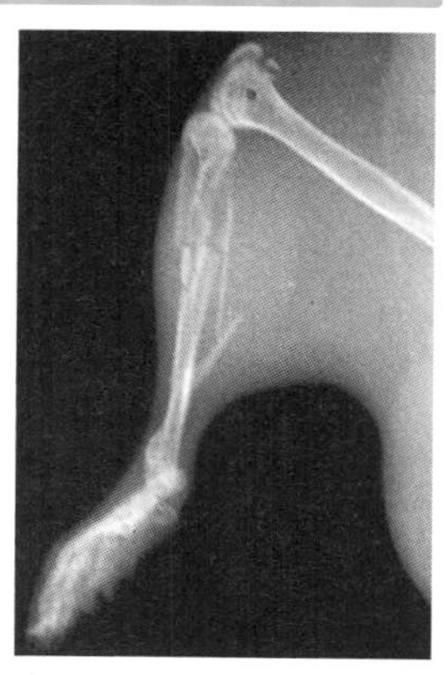

↑可謂「致命弱點」的脛骨，是很容易骨折的部位。

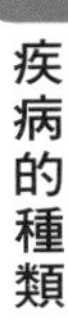

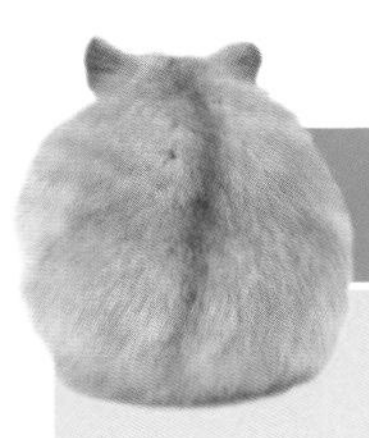

其他疾病

除了前面介紹的疾病之外，倉鼠還有各種容易罹患的疾病。
其中也有會傳染給人類的疾病，所以不只是為了倉鼠，
也為了飼主的健康，請用心確實掌握倉鼠的健康狀態吧！

肝衰竭

症狀

肝功能低下，肝臟腫脹，腹水蓄積，出現黃疸等症狀。會變得不吃東西，逐漸消瘦。

原因

病毒或細菌等的感染是主要原因。營養的不均衡或中毒等，也會導致肝臟功能低下。

治療和預防

檢查血液，調查肝臟功能。治療上，會給予抗生素、強肝劑、維他命等。在預防上，調整食物的營養均衡頗為有效。

假冬眠

症狀

呼吸、心跳、體溫極端低下，全身無力，一動也不動。

原因

由於室溫低下所造成。一般是低於5℃，不過體力差的倉鼠或是年老的倉鼠，即使在10℃左右，身體也可能會進入冬眠狀態。

治療和預防

倉鼠是怕冷的動物，所以即使在冬天，室溫也要保持在20℃左右才理想。萬一進入假冬眠，可以使用保溫燈等，慢慢為牠溫暖身體。從假冬眠中醒來後，可給予維他命等以補充體力。在預防上，請注意讓室溫終年都保持一定（以20℃左右為理想）。

倉鼠小知識　由倉鼠傳染給人類的疾病

動物和人類之間會傳染的疾病稱為「人畜共同傳染病」，而會由倉鼠傳染給人類的疾病也有好幾種。「淋巴球性脈絡髓膜炎」這種疾病，倉鼠即使感染了也不會出現症狀，不過人類如果碰觸到含於倉鼠尿液中的病毒，就可能會感染。有時會出現發燒或是頭痛的症狀，必須注意。另外，沙門氏菌或寄生蟲也可能會附著在人類的手上後，進入體內。

想要預防這些疾病，一定要遵守基本事項，例如接觸倉鼠後要洗手、不要親吻倉鼠等。

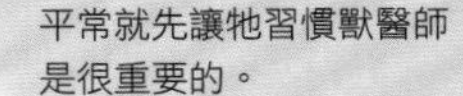
平常就先讓牠習慣獸醫師是很重要的。

主治醫師的選擇和就醫的方法

找到可以諮詢倉鼠健康問題的主治醫師，有任何事情發生時，才能安心。開始飼養後，就要立刻找好可以幫倉鼠看診的醫院。

尋找主治醫師

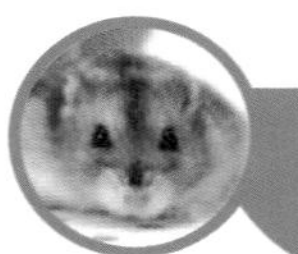

尋找任何問題都可以諮詢的獸醫師

遺憾的是，和貓狗比較起來，熟知倉鼠的獸醫師還不多。此外，倉鼠的治療也沒有保險，所以診療費可能相當高。除了心理上的準備，包含經濟方面，從平日就做好發生問題時的準備，是非常重要的。

一有問題立刻前往醫院

倉鼠的病程發展迅速得令人驚訝。注意到身體狀況變壞後，才2～3天病情就急遽變化的情形並不少見。有任何問題，請立刻帶往醫院。

確認診療時間、休診日

最好預先確認有看診的時間、休診日等。不妨一併記錄在通訊錄上，緊急時很有幫助。

選擇醫院時的重點

有熟知倉鼠的醫師

倉鼠的身體小，而且有很多個體都不喜歡被人碰觸，最好選擇有倉鼠診療經驗豐富的醫師看診的醫院。

儘量在離家近的地方

在有任何狀況都能立刻前往的距離先找好醫院，心理上比較有依靠。也建議向附近的飼主們詢問後再尋找。

平常就可以向對方諮詢

雖然還不到需要帶往醫院的程度，但還是有點在意或擔心的地方。這種時候，如果能夠輕鬆地和對方商量飼養方法等，就能讓人安心。

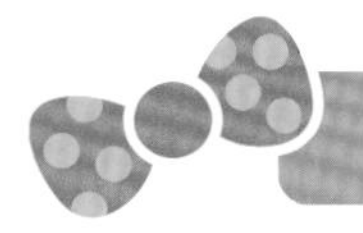

帶往醫院時的注意事項

只要有任何異常發生，原則上就要立刻帶往醫院。
不過，若是在移動的途中讓身體狀況更加惡化，可就得不償失了。

1 連同籠子帶去，讓獸醫師看看飼養環境

可以的話，將平日飼養的籠子整個帶到醫院去，請獸醫師確認飼養環境上有沒有問題。還有，地板材和便盆要直接帶去，無須清洗。

2 負責照顧的人要確實傳達症狀

前往醫院時，平日負責照顧的人一定要一同前往，以便詳細地向獸醫師說明倉鼠和平常不一樣的地方、什麼時候開始出現怎樣的狀態等等。

3 冬天和夏天要特別注意移動時的溫度管理

為了避免倉鼠在移動時受到刺激，讓身體狀況更加惡化，可以用布等覆蓋讓牠安靜下來。尤其是冬天，可在籠子貼上拋棄式的暖暖包，以免倉鼠受寒。不過，過度溫暖也會造成體力消耗，所以要留下可以避熱的場所。

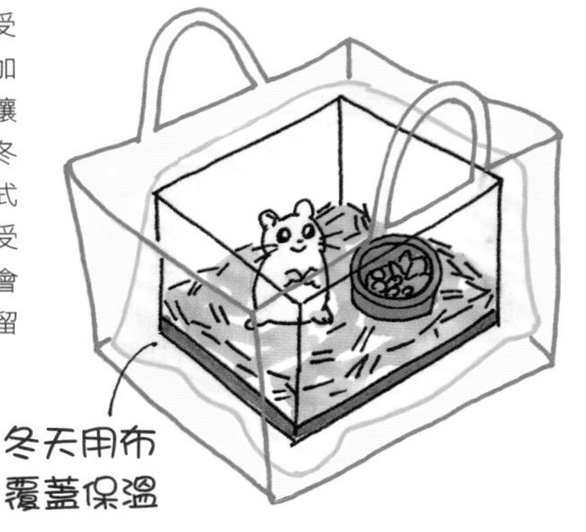

從平日就藉由健康檢查等讓牠習慣醫院和獸醫師

倉鼠是不耐環境變化的動物。當身體狀況不好時，突然被帶到醫生那裡，更容易因為壓力而讓身體狀況整個崩壞。

平常就藉由定期的健康檢查等讓牠習慣動物醫院和獸醫師，比較讓人安心。

在家中看護倉鼠時

接受診察後，請依照獸醫師的指示，在家看護。整理出可以讓倉鼠好好靜養的環境，也別忘了準備可確實補充營養的飲食。

讓牠在溫暖、放鬆的環境裡舒服地度過。

看護的基本

不過度照料地觀察情況

請讓生病的倉鼠在安靜陰暗的場所裡好好休息吧！因為放不下心，所以一再地窺視籠子、想摸摸牠的身體，這樣對倉鼠來說反而會成為多餘的壓力，所以請儘量不要打擾牠，靜靜地守護是最好的。

● 冬天要特別做好保溫的工夫

生病時的適溫大約是25～28℃。在酷寒的冬天，要特別注意做好保溫的工作。可以部分性地使用寵物保溫燈，也可以在水族箱或塑膠箱的外側貼上拋棄式的暖暖包，以保持溫暖。

此外，室溫不要依賴空調的溫度設定，而是要在籠子的附近設置溫度計來確認溫度。

看護的重點

讓牠在沉穩安靜的場所度過

身體狀況不好時，安靜的環境是最重要的。將照明調暗，讓倉鼠可以安穩地度過。

房間的溫度要保持在25～28℃左右

使用空調等調整室溫，保持在比平常還稍微溫暖的25～28℃左右。

多隻飼養時請移到別的籠子裡

由於疾病可能會傳染給其他倉鼠，所以一發現有倉鼠生病，就要立刻移到其他的籠子裡。地板材和巢箱等也要清掃，消毒籠子。

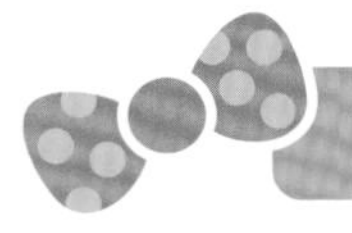

餵藥的要領

獸醫師如果有開藥，就要確實依照指示讓倉鼠服藥。

要領是要迅速進行，以免給倉鼠帶來壓力。

抓住頸後的皮膚

使用滴管等將藥水滴入口中

餵藥時，要抓住頸後的皮膚，讓牠打開嘴巴。然後用滴管等將藥水滴入口中給予。如果像糖漿般甜甜的藥水，倉鼠就會蠕動嘴巴舔食。不過，對於不習慣被人這樣抓住的倉鼠來說，這個方法並不容易，所以請不要勉強進行。

食慾不振時

以泡開的顆粒飼料做為主食

因為生病而食慾不振時，飲食上要以用水泡開的顆粒飼料為主。也建議在裡面混入磨碎的蔬菜或葵瓜子，拌成糊狀，以提升營養價值。添加維他命也很不錯。

如果不吃東西的狀態長久持續，體力將會消耗殆盡，所以要設法讓牠吃東西，即使只有少量也沒關係。雖然也有將糊狀的食物塗抹在倉鼠的上顎和牙齒內側讓牠食用的方法，不過也有些倉鼠不喜歡這樣，因此請不要勉強。

下痢時

注意避免讓倉鼠發生脫水症狀

倉鼠下痢時，要注意避免發生脫水症狀。也可以給牠喝水或是人類嬰兒用的離子飲料（藥局等有販售）。

此外，將表飛鳴（biofermin）之類的整腸劑少量混在優格等給予，也可以緩和下痢。

發生突發狀況時，要迅速採取急救措施

最好平常就要確認飼養環境的安全性。只是不管多麼小心注意，有時還是會突然受傷。這時就要採取緊急措施。

調皮的倉鼠，平常就要注意避免牠受傷。

看護的基本

非專業判斷是很危險的要儘快帶往醫院診察

當倉鼠骨折或受傷、中暑或是處在低體溫狀態（假冬眠）時，請立刻帶到醫院去。只是，如果剛好在醫院休診期間發生意外時，就必須先採取緊急措施。飼主保持鎮靜，確實掌握現狀，不慌不忙地處理是最重要的。

不過，有時依飼主的非專業判斷做處置，反而會讓症狀更加惡化。請進行最低限度的緊急處置，儘快接受獸醫師的治療吧！

■ 倉鼠的生理資料

體　溫	36.2～37.5度
心跳數	300～600下／分鐘
呼吸數	100～250／分鐘

熱到精疲力盡時

用冰冷的毛巾等冷卻身體

長時間處在悶熱場所，體溫調節無法順利進行時，可能會造成中暑。當倉鼠顯得精疲力盡、呼吸急促時，就是中暑的信號。

萬一中暑了，請立刻移動到涼爽的地方，將冰涼的毛巾放入塑膠袋中，或是用毛巾包裹保冷劑，用來冷卻身體。

身體變冷，動作遲鈍

提高室溫，補充營養

氣溫突然下降，或是身體濕濡而無法維持體溫時，就可能會陷入冬眠狀態。這時請用空調或寵物保溫燈等慢慢提高溫度，並給予葡萄糖或離子飲料，以補充電解質和熱量。

觸電了！

拔掉電線後，確認意識

讓牠從籠子出來外面玩，卻因為啃咬電線而觸電了……這個時候，請立刻拔掉電線，然後確認倉鼠的意識。就算身體沒事，口中也可能有燒傷，所以一定要請獸醫師診察。

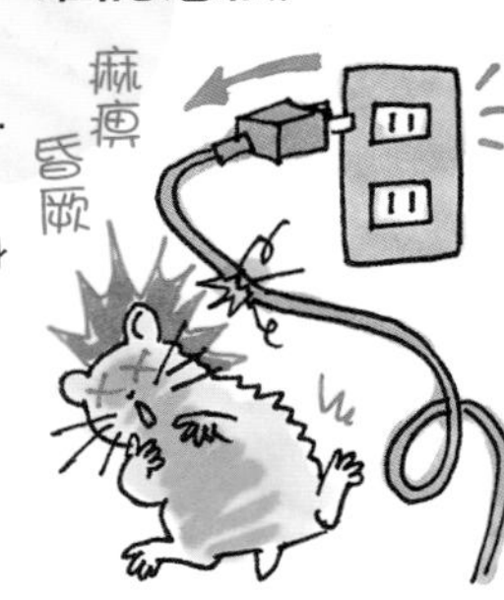

骨折了！

放入狹窄的小箱子等，立刻送醫

爬上鐵絲網籠掉下來，或是因為飼主沒抓好而掉下來時，可能會發生骨折。倉鼠容易發生骨折的部位在後腳。如果走路方式變得怪異，就要放進小塑膠箱等，將光線調暗讓牠安靜下來後，立刻帶往醫院。

燙傷了！

冷卻身體，立刻送醫

倉鼠因為覆蓋著被毛，即使燙傷，飼主也很難發現。萬一直接碰觸到暖爐等而有燙傷的疑慮時，就要檢查皮膚。請仔細察看，如果皮膚變紅而燙傷的話，就用冰涼的毛巾等冷卻身體，立刻帶往動物醫院。

受傷流血了！

止血，消毒。
沒辦法處理就放入小箱子裡

倉鼠間打架互咬或是腳勾到籠子等時，就可能會受傷。如果有割傷，就要進行消毒，以免發生細菌感染；然後移到清潔的塑膠箱中，觀察牠的情況。萬一動作不正常，或是血流不止時，就要找獸醫師商量。

中毒了！

帶著肇因的東西前往醫院

有些食物有讓倉鼠發生中毒的危險。如果出現呼吸困難或是嘔吐等症狀，就要帶著可能引起中毒的東西立刻前往動物醫院。巧克力、酪梨、枇杷、栗子、青蔥、洋蔥等都要特別注意。

老年倉鼠的照顧要領

希望倉鼠一直健康長壽的飼主應該很多吧！不過倉鼠的平均壽命是2歲半～3歲。1歲半以後，就要確實做好健康管理。

安穩舒適的環境，
對高齡倉鼠來說是最重要的

安靜的環境很重要

儘量不改變環境，讓牠安穩地生活

倉鼠的壽命並不長。黃金倉鼠的平均壽命是2歲半到3歲，侏儒倉鼠則是2歲到2歲半。可愛的倉鼠超過1歲半後，就進入老年了。

整理好飼養環境後，就不要改變

上了年紀就容易生病，人類和倉鼠都一樣。但是只要整理好飼養環境，經常確認健康情況，就能預防疾病。1歲半以後，就要慢慢將飲食和籠子更改成適合老年倉鼠用的。

環境的變化是最大的敵人

環境的急遽變化，會帶給老年倉鼠很大的傷害。請儘量不要改變環境，讓牠在安靜穩定的地方生活吧！

老化的信號

眼睛不再閃閃發亮
如果眼睛顏色變得白濁，可能是罹患了白內障。

牙齒掉落，咬合變差
牙齒一旦脆弱，可能會變得不易進食。請重新評估食物的種類。

手腳內側和腹部的被毛變稀薄
被毛變得稀薄，就容易發生皮膚的問題。在皮膚病的預防上，請保持清潔的環境。

變得只使用單側的頰囊
可能是頰囊發炎了。只要認為進食的方式怪怪的，就要詢問獸醫師。

整體的被毛狀況變差了
被毛的質和量會隨著年齡增長而變差。注意是否罹患脫毛症等。

走路方式顯得奇怪
拖著一隻腳走路，或是走路顯得困難時，請檢查一下是否受傷了。

老年倉鼠的飼養重點

為了讓倉鼠年老後仍能過得健康舒適，請為牠整理好飼養環境，例如適合的食物和籠內環境等。

1 儘量減少氣溫的變化

冷熱變化激烈，或是濕度突然增高時，往往會造成老年倉鼠身體狀況崩壞。請有效地使用空調等，為牠保持舒適的溫度和濕度吧！

2 飲食要改用含有輔助食品的顆粒飼料等

市面上也有販售含有輔助食品、營養均衡的優質顆粒飼料，所以不妨改變一下種類。不過，突然變更飼料會讓倉鼠不吃，所以要慢慢做轉換。此外，維生素和纖維質豐富的蔬菜可多給一點，動物性蛋白質和含油種子等食物請少量給予。

3 再次確認籠子的安全性

和年輕時相較之下，動作變得遲鈍，身體也失去了柔軟性。請增加地板材，減少滾輪等玩具，讓倉鼠悠閒地度過吧！尤其是患有心臟病的倉鼠，絕對不能讓牠玩滾輪。

4 經常檢查是否生病了

除了每天的健康檢查之外，也要每年讓牠做一次動物醫院的健康檢查；可以的話約半年一次為佳。此外，只要稍微有異常變化，就要立刻找獸醫師諮詢。

和心愛的倉鼠做無悔的告別

雖然想要一直和倉鼠在一起，然而和倉鼠的告別之日，只要2～3年就到來了。請負起完全的責任，照顧牠到最後一天吧！

要珍惜和可愛倉鼠之間的快樂回憶。

臨終看護

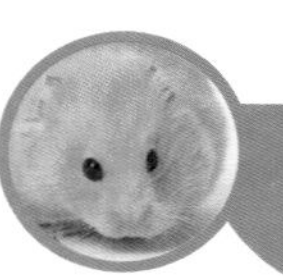

倉鼠的壽命只有短短的2～3歲

倉鼠的壽命很短，而且是多產多死的動物，所以其中不乏先天上就無法長壽的倉鼠。當告別的日子比預想還要來得早時，我想飼主會受到極大的打擊，不過，只要每天都好好地照顧牠，一定不會留下遺憾的。

建立和獸醫師之間的信賴關係

在倉鼠的治療方針上，請和主治醫師商量到飼主可以接受的程度為止。只要進行了可以理解的治療，並且享盡天年的話，飼主也就比較能接受倉鼠的死亡了。

病情可能會急遽變化

經過和疾病戰鬥的生活後，明明保持在還算健康的狀態，之後卻突然死亡的倉鼠並不少見。這也是倉鼠這種動物的生態特徵，所以請不要過分自責。

倉鼠的埋葬方法

埋葬在庭院裡

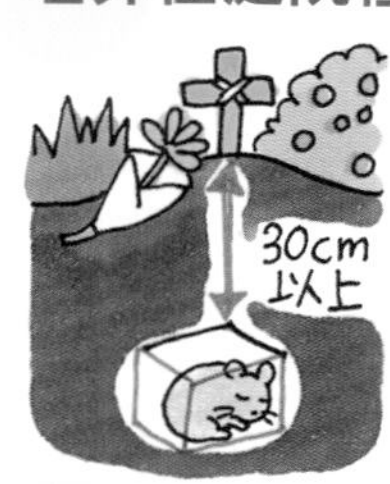

如果有庭院，也可以挖土埋葬。但是深度要挖掘超過30cm，以免被貓狗等挖出來。將倉鼠放進紙盒中，或是用紙包起來，連同牠喜歡的食物等一起掩埋。

供養在寵物墓園中

最近也可以在寵物墓園火葬後，為牠造墓，或是收在納骨塔中。價格和項目依利用的墓園而異，不妨依照個人的預算和希望來做選擇。

不要獨自悲傷 珍惜快樂的回憶

做為家人的一員，一起生活的倉鼠突然死亡，很多飼主都會覺得內心好像破了一個洞般，陷入「喪失寵物症候群」中。

一旦陷入喪失寵物症候群，就連「再飼養新的倉鼠不就好了」、「珍惜回憶，積極向前」等等周圍的鼓勵，可能都會覺得是一種心理負擔。

這時請不要逞強，不妨將真實的心情告訴周遭的人；如果有必要，就接受心理諮商，整理自己的心情吧！隨著時間慢慢過去，只要能漸漸接受和心愛倉鼠的告別，這樣就好了。

重要的是，
要全心全意地陪牠到最後。

如何克服喪失寵物症候群

1 想哭就哭，整理心情

勉強壓抑感情，之後可能會更加悲傷。坦白地表現出悲傷的心情，想哭就哭，大多能慢慢地平復心情。

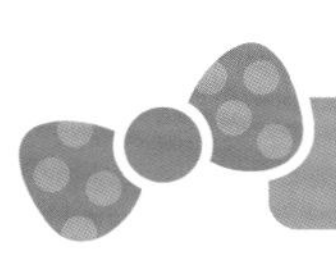

2 告訴周圍的人

不要一個人沉浸在悲傷中，試著將真正的心情告訴好朋友或家人。如果是有相同經驗的飼主們，應該更能了解你的心情。

3 視情況接受心理諮商等

如果無法整理心情，一直持續睡不好、沒有食慾等狀況的話，接受心理諮商也是一個方法。此外，閱讀以喪失寵物症候群為主題的書籍，也能讓人漸漸客觀掌握自己的悲傷。

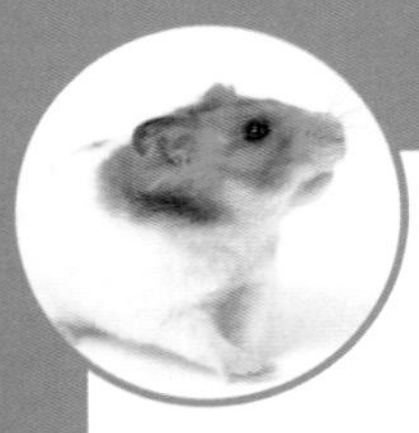

注意「過敏性休克」！

「因為被倉鼠咬到，而陷入休克症狀」——
這種駭人聽聞的消息雖然不常聽到，但卻是真的。
雖然不需要無謂地恐慌，但還是要儘量注意別被咬到。

第2次以後出現的休克症狀

「過敏性休克」是急性過敏反應的一種。當吃了含有過敏原的東西，或是經由皮膚吸收時，就會引起休克症狀。雖然極為罕見，但有些人被倉鼠咬到時會變得很不舒服，引起痙攣或心悸，甚至是陷入呼吸困難的狀態。日本在2004年2月就曾經發生過40多歲男性因而死亡的案例。

只被咬一次並不會發生，不過第2次以後就可能會發生，所以一再被倉鼠咬到的人必須要注意才行。

■過敏性休克的主要症狀

噁心、腹痛、下痢、蕁麻疹、心悸、暈眩、貧血、痙攣、咳嗽、氣喘、打噴嚏、呼吸困難

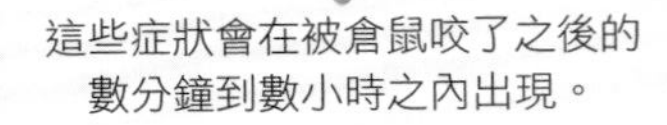

這些症狀會在被倉鼠咬了之後的數分鐘到數小時之內出現。

■最好特別注意的人

- **嬰幼兒**
- **老年人**
- **因為疾病等而免疫力低下的人**
- **過敏的人**（異位性、皮膚炎、濕疹、氣喘、花粉症、室內灰塵 等）

※一般認為吸菸者比較容易發病。

在侏儒品種中，一般認為和加卡利亞倉鼠相比之下，坎培爾倉鼠更有咬人的習慣。不過依個體而異，也是有不會咬人的倉鼠。

要馴化倉鼠時，請不要突然碰觸牠。使用牠喜歡的水果或點心等，慢慢地讓牠習慣人吧！

不要勉強碰觸會咬人的倉鼠

倉鼠是很膽小的動物，多數的倉鼠要花費相當多的時間才能和人親近。此外，羅伯羅夫斯基倉鼠不容易和人親近，而坎培爾倉鼠中會咬人的也不少見。

不只是要預防過敏性休克，由於被倉鼠咬到後也有感染細菌、被傳染疾病的危險，因此對於經常會咬人的倉鼠和還沒有習慣人的倉鼠，請不要勉強碰觸。

PART 6

如何繁殖倉鼠寶寶

既然決定繁殖
就要負責到最後

想試著繁殖倉鼠寶寶的人應該很多吧！不過倉鼠一次會生下很多，所以必須預先找好領養的人才行。

請考慮倉鼠的身體是否能夠負擔後再進行繁殖。

迎接寶寶的注意事項

理解懷孕・生產所伴隨的風險

倉鼠是繁殖力非常強的動物。一次生產所產下的寶寶數量，侏儒倉鼠平均是4隻，黃金倉鼠則是8隻；多的時候，也可能生下10隻以上。

考慮清楚生產後的事

飼主要將生下來的寶寶全部飼養長大是很不容易的。請事先找好願意領養的人。如果朋友或認識的人當中有想要養看看的人，不妨先跟對方打聲招呼吧！

看清楚是否適合繁殖再進行

懷孕、生產會對雌倉鼠的身體造成負擔，所以請檢查過健康狀態後，避免在身體虛弱的時候進行。適合繁殖的月齡依品種而異，不過大致上從2個半月後就可能進行。兄妹等的近親交配在遺傳上會發生問題，最好避免。

增加倉鼠寶寶前要先注意的事

- [ ] **確認是否有充足的照顧空間及經濟能力**

倉鼠一次約會生下5～9隻寶寶。請仔細思考是否能確保完善照顧的空間，以及能否維持飼料費等飼養上的費用。

- [ ] **先找好願意領養的人**

飼養數隻倉鼠非常花費心力，最好先找好願意領養倉鼠寶寶的人。

- [ ] **生產對倉鼠媽媽而言也是負擔，要給予充分的照顧**

懷孕・生產對於當媽媽的倉鼠來說也是一種負擔。請清楚確認倉鼠媽媽的月齡和健康狀態，注意不可勉強進行。

適合繁殖的月齡

● 黃金倉鼠

雌雄都是約2個月後。

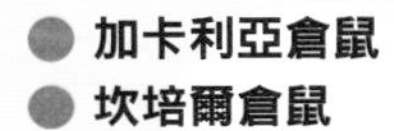

● 加卡利亞倉鼠
● 坎培爾倉鼠

雌雄都是約2.5個月後。

● 羅伯羅夫斯基倉鼠

雌雄都是約2.5個月之後。不過其中也有約1.5個月後就可能繁殖的個體。

不適合繁殖的倉鼠

✕ 太胖、太瘦的倉鼠

肥胖的倉鼠不容易發情，而且懷孕期間對身體造成的負擔也大。瘦弱的倉鼠，身體可能無法負擔懷孕・生產，須注意。

✕ 年老的倉鼠

黃金倉鼠超過2歲、侏儒倉鼠超過1歲半的個體，就不適合懷孕・生產。

✕ 異種間的配對

種類不同的倉鼠原本就不可能繁殖。如果要繁殖的話，必須是同種類的雄倉鼠和雌倉鼠才行。

適合懷孕・生產的時期

一整年中都能繁殖，不過建議在春天或秋天

倉鼠的發情期並沒有固定，一整年中都能繁殖。不過考慮到生產的媽媽和剛出生的寶寶的健康，最好避免在酷熱的夏天或是寒冷的冬天生產・育兒。建議在氣候穩定的春天或秋天進行繁殖。還有，倉鼠的懷孕期間約為半個月，育兒期間約為一個月。如果順其自然，就會不斷繁殖，所以飼主要加以管理，有計畫地進行懷孕・生產才行。

倉鼠寶寶們會將身體靠在一起互相取暖。

先讓牠們相親看看吧！

平常在籠子中單獨飼養的倉鼠，就先從讓雄倉鼠和雌倉鼠相親開始吧！也有可能會打起架來，要注意。

相親是為了要幫牠選擇合得來的倉鼠。

仔細觀察適合度

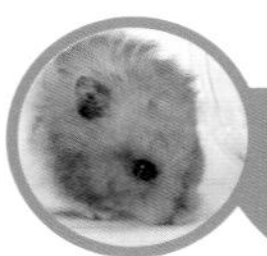

不要馬上就讓牠們在一起，先試著觀察情況

雌倉鼠會以4～5天的周期排卵，伴隨著大約12～20個小時左右的發情期間。這個時候是相親成功的最佳時機。在雄倉鼠方面，只要是性成熟的個體，任何時候都OK，所以請先把籠子相鄰放置，如果雌倉鼠顯得有興致，就可以把雌倉鼠移到雄倉鼠的籠子裡。

一打架就立刻分開

放進同一個籠子裡看看，就算剛開始會打架或是互咬，但是經過一段時間後，還是可能會和好。不過，要是打架打得太兇，就要分開到不同的籠子裡。

交尾時請安靜守護

將2隻放在一起一段時間後，雄倉鼠就會追著雌倉鼠交尾。這個期間請在一旁安靜守護，不要刺激到倉鼠。

雄性和雌性的分辨方法

雄性

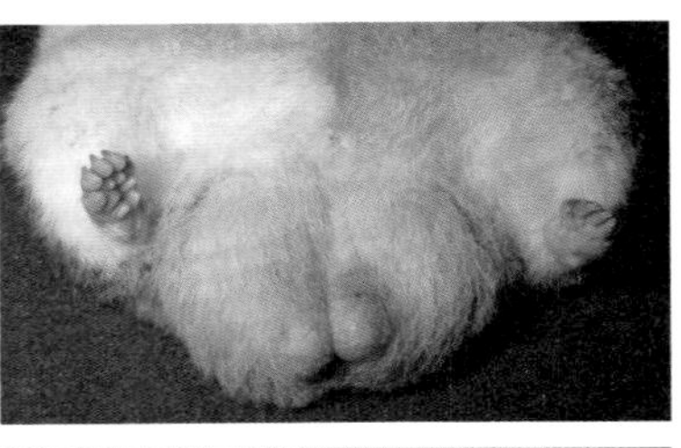

雌性

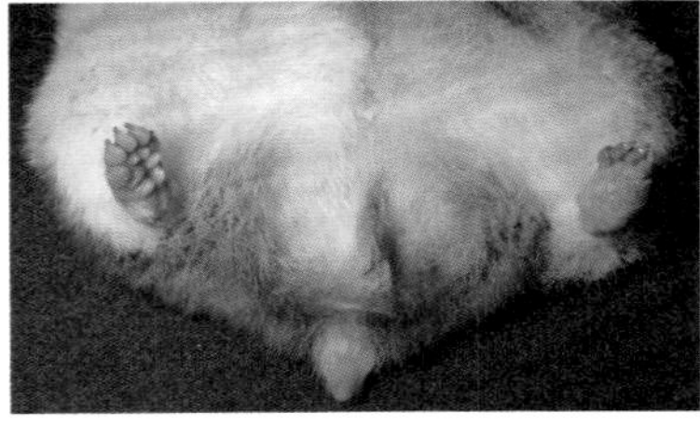

雄性的肛門和生殖器比雌性還要分開。還有，成熟後位於臀部下方的睪丸會變大，非常明顯。

相親的順序

當氣溫在20～22℃，日照時間也有12～14小時時，倉鼠會比較容易發情。
請整理好環境，默默給予支援，讓相親順利進行吧！

1 將2個籠子並排2～3天，觀察情況

將雄倉鼠和雌倉鼠的籠子相鄰放置，讓牠們可以看到彼此，觀察情況大約2～3天。即使是水族箱，也可以藉由氣味認識彼此的存在，知道雙方是否合得來。

2 習慣後，將雌倉鼠放入雄倉鼠的籠子裡看看

習慣後，要將雌倉鼠移到雄倉鼠的籠子裡。這個時候要避免將雄倉鼠移到雌倉鼠的籠子裡。因為雌倉鼠比較好勝，如果將雄倉鼠移入的話，可能會被雌倉鼠攻擊。

3 交尾後，立刻分開到不同的籠子裡

將2隻放在同一個籠子不久後，雄倉鼠會開始追逐雌倉鼠，開始交尾。交尾會在大約20～60分鐘內反覆進行。交尾結束後，最好立刻將雄倉鼠和雌倉鼠分開到各別的籠子裡。

交尾後發現的謎樣物體!?

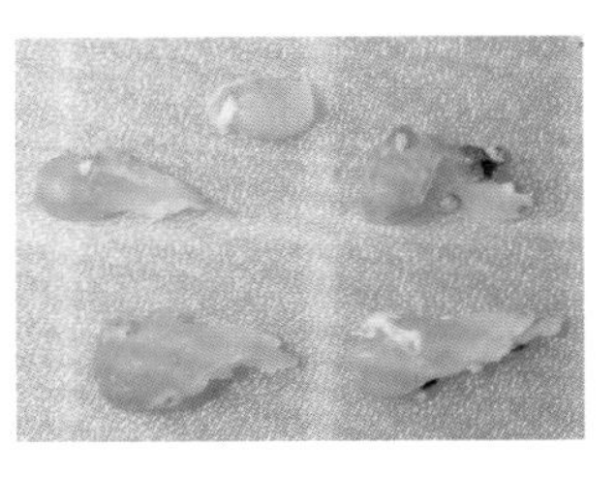

飼主可能會發現有奶油色的小物體掉落在籠子裡。這稱之為「陰道栓」，是由雄倉鼠分泌的凝固腺液所形成的。交尾結束後，為了避免精液漏出，會停留在雌倉鼠的陰道中數小時到半天左右的時間。

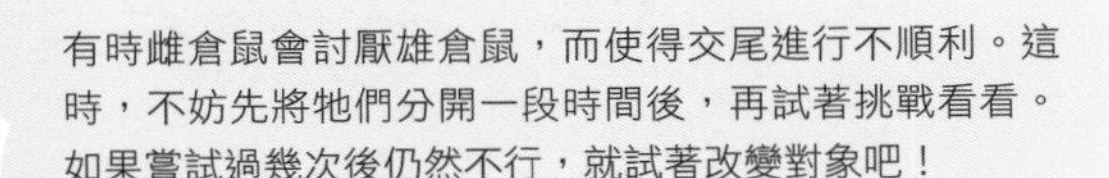

如果交尾沒有順利進行……

有時雌倉鼠會討厭雄倉鼠，而使得交尾進行不順利。這時，不妨先將牠們分開一段時間後，再試著挑戰看看。如果嘗試過幾次後仍然不行，就試著改變對象吧！

倉鼠小知識　倉鼠也會有假懷孕

進行交尾卻沒有成功時，雌倉鼠可能會出現假懷孕。假懷孕約會持續１～２個星期，這段期間即使交尾了也不會懷孕。要讓牠再次相親，請經過一段時間，等再次排卵後再進行吧！

儘早進行生產準備

交尾成功後，請開始準備，好讓倉鼠能平安生產。除了籠子之外，在飲食上也要多費心思，讓牠能充分攝取營養。

從懷孕到生產的期間約為半個月。

整理好飼養環境

安穩的環境和營養豐富的食物很重要

交尾結束後，一邊觀察情況，一邊也該進行生產準備了。一旦懷孕，雌倉鼠就會變得脾氣暴躁，對雄倉鼠具有攻擊性，所以要立刻將籠子分開。

● 大約10天，腹部就會漸漸隆起

懷孕如果成功，交尾大約10天後下腹部就會逐漸隆起，體重也會增加。到了這個時候，獸醫師只要碰觸腹部，就能確認懷孕。如果想要確認倉鼠是否懷孕，不妨帶到動物醫院接受診察。

● 注意居住環境和飲食

懷孕、生產、育兒都會消耗體力，請留心給予營養豐富的食物。還有，請將籠子放置在安靜的場所，不需過度照料，讓牠可以安穩地度過。

懷孕中的倉鼠要給予這樣的食物

懷孕時要讓倉鼠能充分攝取到蛋白質、維生素及礦物質。除了平日的顆粒飼料、穀類、蔬菜之外，每天還要給予葵瓜子等含油種子、麵包蟲或乳酪、小魚乾、寵物用奶粉等動物性蛋白質。還有，牠也會想要多喝點水，所以也要準備充分的水。

懷孕期間要多攝取充分的蛋白質，可以給予寵物用奶粉。

除了動物性蛋白質，也要補充鈣質，所以小魚乾也一定要加入菜單中。

※商品的包裝設計可能會有變更。

生產籠的製作方法

為了讓倉鼠能夠在籠子中舒適、安全地生產，
請準備大一點的巢箱，為牠放入充足的地板材吧！

鐵絲網型的籠子會讓倉鼠寶寶有逃脫或是手腳夾傷的疑慮，所以建議使用水族箱型的籠子。還有，籠子中請放入充足的巢材，以及比日常用的還要大上一號的生產用巢箱。

也可以利用面紙盒為倉鼠製作生產用的巢箱。將面紙盒裁成一半後，再剪掉上面的部分，倒過來放在地板材上即可。

當生產接近時

減少清掃，以免妨礙倉鼠做巢

在籠中放入比平常大一號的巢箱。可以使用小鳥用的木箱，或是利用面紙盒等。不過，出入口如果開得太大，懷孕中的倉鼠會無法安穩下來，須注意。此外，當生產接近時，就會開始做巢，所以請放入大量能做為巢材的乾草等地板材。

還有，懷孕期間的雌倉鼠比較敏感。除了給予食物和水的時候之外，請不要靠近籠子，也要暫時減少清掃。

當倉鼠媽媽坐立難安時……

如果倉鼠顯得侷促不安，
可以用瓦楞紙等覆蓋籠子。
不過若是完全漆黑，就無法得知日夜差異，對身體並不好，所以還是要有一面打開。

生產・育兒都交給倉鼠媽媽

倉鼠的生產、育兒全都是雌倉鼠獨自進行的。到倉鼠寶寶斷奶為止的這段期間，可以完全交給倉鼠媽媽負責。

生產、育兒期間
請默默地在旁守護。

生產的時段

大多在深夜到清晨間生產

從懷孕到生產的期間，黃金倉鼠約16天，加卡利亞倉鼠和坎培爾倉鼠約18～30天（大多在21天左右時生產）。

到了生產預定日的2～3天前，雌倉鼠就會開始努力做巢，所以到了這個時期，就默默地在一旁守護牠的情況吧！

可以平安生產，不用擔心

倉鼠的生產大致是在安靜的深夜到清晨間進行的。一次會生下好幾隻，而且大多可以平安生產，不需要擔心。只不過，寶寶中有些是以死產的狀態出生，也有些在出生後不久就會死亡。雖然令人悲傷，卻也是自然的天意，所以請不要太難過。如果有不安的地方，不妨找家庭獸醫師詢問。

生產的徵兆

交尾後約2個星期左右 → 體重突然增加，食慾變得旺盛

體重增加後，飲食量也倍增，可以增加黃綠色蔬菜和乳製品、小魚乾等的比例。含油種子也可以多給一些，讓倉鼠可以充分攝取脂肪。

生產預定日的2、3天前 → 開始打造生產用的巢

當生產接近，雌倉鼠就會一個勁兒地開始整理巢穴。在這段期間請儘量不要打擾牠，默默地守護。籠內也要放入充足的巢材。

育兒中的注意事項

籠子附近要保持安靜，儘量不要打擾牠

在生產後的一段時間請儘量不要靠近籠子，保持安靜。要是受到驚嚇的話，倉鼠媽媽可能會把寶寶吃掉。

減少籠子的清掃

和懷孕期間一樣，先暫時減少清掃籠子，直到寶寶斷奶為止。不過，變得不衛生也令人困擾，所以請以更換髒污明顯的地板材的程度來進行清掃吧！

絕對不可碰觸倉鼠寶寶

一但沾附到人類的氣味，倉鼠媽媽可能會停止撫養該隻寶寶。請絕對不要直接用手碰觸倉鼠寶寶。

充分給予飲食和水

餵食母乳的倉鼠媽媽，營養豐富的飲食是不可欠缺的。尤其是蛋白質和鈣質要充分給予，水分也要多給一些。

如果倉鼠媽媽放棄育兒的話……

雖然情況少見，但萬一倉鼠寶寶沾附到人類的氣味，有時倉鼠媽媽可能就會放棄育兒。飼主要自行養育寶寶是一件很困難的事，還是向獸醫師諮詢吧！

不可以餵食太多！

來守護倉鼠寶寶的成長吧！

生產後約還不足1個月，倉鼠寶寶就能離開媽媽，獨立生活了。來看看可愛的倉鼠寶寶們的成長吧！

倉鼠一轉眼間就會長大。

倉鼠媽媽是很敏感的
大約3個星期就會斷奶，所以不要驚動牠

倉鼠寶寶出生後，飼主都會想要快點看看吧！但請忍耐一下。剛出生的倉鼠寶寶既沒有長毛，眼睛也看不見。在巢箱中，倉鼠媽媽會一邊溫暖牠們，一邊讓牠們喝母奶長大。

注意不要給予壓力

在育兒這件事上用盡心力的倉鼠媽媽，萬一感受到壓力，可能就會把孩子吃掉。這種情況尤其常見於初產的倉鼠身上。生產後約1個星期左右的時間，請儘量不要去打擾牠。

大約3個星期就開始斷奶

出生後約3個星期左右，幼鼠們就不喝母奶，開始吃和成熟倉鼠一樣的食物了。剛開始時請給予泡軟的顆粒飼料等容易食用的食物。

倉鼠的斷奶

種類	斷奶時間
黃金倉鼠	平均21天
加卡利亞倉鼠	3個星期左右
羅伯羅夫斯基倉鼠	3個星期左右
坎培爾倉鼠	3個星期左右

倉鼠媽媽會靈活地用嘴巴銜住後搬運孩子。

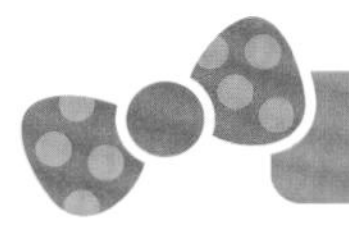

倉鼠寶寶的成長

倉鼠的成長很迅速，出生後約3個星期就完全斷奶，開始獨立。
讓我們來看看牠的成長過程吧！

1 剛出生

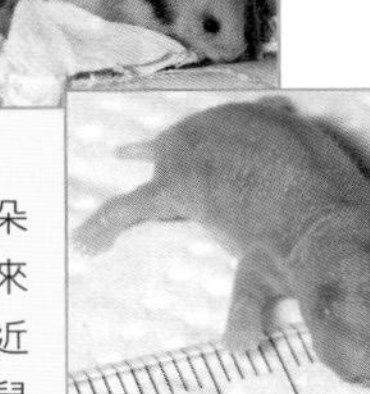

沒有長毛，還未開眼，耳朵也聽不到，身體不停地動來動去。在巢箱中會互相靠近來溫暖身體。喝母奶。倉鼠媽媽會舔舐寶寶的臀部，促使其排尿排便。

2 生後第7天

出生幾天後，本來泛紅的膚色開始逐漸發黑，耳朵的形狀也越來越明顯。依頭部→背部→腋下→腹部的順序開始長毛。不過眼睛還沒有打開。生後過了1星期左右，就會開始搖搖晃晃地走路。

3 生後第14天

出生後12～17天左右，全身的毛就長齊了，眼睛也完全張開。此外，也開始自己吃食物了。可以試著給予切成小塊的紅蘿蔔或油菜、青江菜、泡軟的顆粒飼料等。

4 生後第21天

差不多3個星期左右就會完全斷奶。牙齒也從乳牙更換為恆齒，體型也已長到可以獨立了。差不多是該離開媽媽與兄弟姊妹，自立生活的時期了。到了這個時候，人類用手碰觸也OK。

出生1個月後，一定要將雌雄倉鼠分籠飼養

出生後約1個月，成長迅速的倉鼠就開始性成熟了。如果將雄倉鼠和雌倉鼠放在同一個籠子裡，就有懷孕的風險。雌雄倉鼠的籠子一定要分開才行。

如果要送人，請在完全斷奶後

送養幼鼠的最佳時期，大致是在斷奶完成的出生後1個月左右。不過，其中有成長迅速的倉鼠，也有比較緩慢的倉鼠，所以請在確認是否能夠自行進食之後再送出去。

倉鼠的
醫療最前線

雖然倉鼠的專門獸醫師還並不多，
但致力在倉鼠診療上的動物醫院正在逐漸增加中。
在倉鼠的醫療最前線上，目前有哪些診療項目呢？

健康檢查也會做
血液檢查和尿液檢查

對於沒有辦法自己說出身體不舒服的倉鼠而言，每年一次的健康檢查是不可欠缺的。在致力於倉鼠診療的動物醫院中，可以接受內容充實的健康檢查。除了血液檢查和尿液檢查之外，也有使用X光或超音波的檢查。尤其是超過1歲半的高齡倉鼠，罹患各種疾病的風險變高，必須養成做定期健康檢查的習慣。

■ 主要的倉鼠檢查方法

血液檢查

從眼頭的靜脈進行抽血。可以測定紅血球、白血球、血小板、血糖值、鈣含量、膽固醇等數值。也可了解肝臟、腎臟、胰臟等的異常。因為麻醉會對身體造成負擔，所以請在和獸醫師充分諮商之後再進行檢查。

尿液檢查

放進清潔的箱子中，等待倉鼠自然排尿，再取少量的樣本進行檢查。可以調查尿液中是否含糖、有無血尿等。

X光線檢查（銀檢查）

由人將倉鼠保定（按壓讓牠無法動彈）後，進行攝影。可以發現骨折等的損傷、內臟疾病等。不過因為身體小，所以診斷上有其限度。

超音波檢查

在腹腔腫瘤的診斷上非常有用。除此之外，對於懷孕的診斷、尿結石、脂肪肝等的檢查也很有幫助。

平常就要觀察情況是否有異？
如果有任何異狀，就要帶往醫院。

視症狀而定，
有時也須施行使用麻醉的開腹手術

目前倉鼠的醫療不斷地進步，像是腫瘤或內臟疾病等，有時也可藉由開腹手術來進行治療。安全的麻醉方法也已經確立，一般是將倉鼠放進小盒子中，讓牠嗅聞氣體進行麻醉。

不過，手術的瓶頸在於費用。因為沒有健保，所以須花費相當高額的治療費用。儘量做好平日的健康管理，注意不要讓牠生病，才是最重要的。

協力一覽表

取材協力

勝田正志

愛玩動物飼養管理師、觀賞魚飼育師。「喜沢熱帶魚」的店主。西元 1968 年創業的「喜沢熱帶魚」，經營買賣倉鼠等小動物，以及金魚、日本產孔雀魚等。也是黃金倉鼠「顯性斑點」品種的誕生之父。

攝影協力

小動物專門店　HEAVEN

專門經營倉鼠以及兔子、小鳥等小動物飼養用品的寵物店。除了實體店鋪之外，也有網路上的通信販售。倉鼠專用的食物和用品類非常充實。

〒 340-0025 埼玉県草加市谷塚仲町 401-1
TEL ／ FAX 048-921-7737
營業時間 AM10：00 ～ PM7：00 每週一公休
http://www.petyasan.com/

喜沢熱帶魚

〒 335-0013 埼玉県戸田市喜沢 2-41-7
TEL 048-442-4645

監修者介紹

霍野 晉吉

獸醫師。日本獸醫畜產大學畢業。

1997 年，開設日本第一家小動物專門醫院「Exotic Pet Clinic」。此後便以做為包含倉鼠等小動物診療的第一人而活躍著。此外，也透過執筆活動和演講等，致力於異國動物醫療知識和技術的普及。除了《倉鼠的飼養法》（成美堂出版）之外，還有多數著書。

● **Exotic Pet Clinic**
〒 229-0003 神奈川県相模原市東淵野辺 1-11-5 カサベルグ K-101
TEL 042-753-4050 FAX 042-753-4037
http://epc-vet.com/

STAFF

- 編輯製作 —— 鈴木麻子（Garden）
- 照片 —— 中村宣一
- 插畫 —— 池田須香子
- 漫畫 —— 田中あゆみ
- 內文設計 —— 清水良子（R-coco）
- 撰文 —— 山崎陽子
- 企劃・編輯 —— 駒見宗唯直・芳賀篤史（成美堂出版編輯部）

國家圖書館出版品預行編目資料

倉鼠的快樂飼養法 / 霍野晉吉監修；彭春美譯.
-- 二版. -- 新北市：漢欣文化, 2019.10
160面；21X17公分. --（動物星球；12）
ISBN 978-957-686-784-2(平裝)

1.鼠　2. 寵物飼養

389.63　　108014787

定價320元

動物星球 12

倉鼠的快樂飼養法(暢銷版)

監　　修 / 霍野晉吉
譯　　者 / 彭春美
出 版 者 / 漢欣文化事業有限公司
地　　址 / 新北市板橋區板新路206號3樓
電　　話 / 02-8953-9611
傳　　真 / 02-8952-4084
郵撥帳號 / 05837599 漢欣文化事業有限公司
電子郵件 / hsbookse@gmail.com
二版一刷 / 2019年10月